城镇供水行业职业技能培训教材

机电设备维修工

浙江省城市水业协会
浙江省产品与工程标准化协会 组织编写

中国建筑工业出版社

图书在版编目（CIP）数据

机电设备维修工/浙江省城市水业协会，浙江省产品
与工程标准化协会组织编写. —北京：中国建筑工业
出版社，2019.1
城镇供水行业职业技能培训教材
ISBN 978-7-112-24735-6

Ⅰ．①机… Ⅱ．①浙… ②浙… Ⅲ．①机电设
备-维修-技术培训-教材 Ⅳ．①TM07

中国版本图书馆 CIP 数据核字（2020）第 011730 号

本书依据《城镇供水行业职业技能标准》CJJ/T 225－2016 编写，是《城镇供水行业职业技能培训教材》分册之一，本书由具有多年一线工作经验的专家学者团队精心编写，内容与时俱进，通俗易懂，实用价值高，涵盖了城镇供水行业机电设备维修工应掌握的理论知识及实际操作知识。本书可作为供水行业培训教材及相关专业大中专院校师生教材，供相关岗位从业人员及相关专业师生学习使用。

责任编辑：李　慧
责任校对：张惠雯

城镇供水行业职业技能培训教材
机电设备维修工
浙 江 省 城 市 水 业 协 会
浙江省产品与工程标准化协会 　组织编写

*

中国建筑工业出版社出版、发行（北京海淀三里河路 9 号）
各地新华书店、建筑书店经销
霸州市顺浩图文科技发展有限公司制版
北京市密东印刷有限公司印刷

*

开本：787×1092 毫米　1/16　印张：11¾　字数：292 千字
2020 年 6 月第一版　2020 年 6 月第一次印刷
定价：47.00 元
ISBN 978-7-112-24735-6
（35205）

《城镇供水行业职业技能培训教材》编写委员会

主　　任：赵志仁
副 主 任：柳成荫　徐丽东　程　卫　刘兴旺
委　　员：方　强　卢汉清　朱鹏利　郑昌育　查人光
　　　　　代　荣　陈爱朝　陈　柳　邓铭庭
参编单位：杭州市水务集团有限公司
　　　　　宁波市供排水集团有限公司
　　　　　温州市自来水有限公司
　　　　　嘉兴市水务投资集团有限公司
　　　　　湖州市水务集团有限公司
　　　　　绍兴市公用事业集团有限公司
　　　　　绍兴柯桥水务集团有限公司
　　　　　金华市水务集团有限公司
　　　　　浙江衢州水业集团有限公司
　　　　　舟山市自来水有限公司
　　　　　台州自来水有限公司
　　　　　丽水市供排水有限公司
　　　　　浙江省长三角标准技术研究院

本书编委会

主　　编：朱海涛
主　　审：查人光
参　　编：朱海涛　沈卫民　钟叶华　孙海平　张　刚
　　　　　许卫初　徐　兵　杨志刚

序

为贯彻落实《中共中央 国务院关于印发〈新时期产业工人队伍建设改革方案〉的通知》和中央城市工作会议精神，健全住房城乡建设行业职业技能培训体系，全面提高住房城乡建设行业一线从业人员的素质和技能水平，根据《住房城乡建设部办公厅关于印发住房城乡建设行业职业工种目录的通知》（建办人〔2017〕76号）和《城镇供水行业职业技能标准》CJJ/T 225—2016要求，结合供水行业的特点，浙江省城市水业协会和浙江省产品与工程标准化协会组织编写了《城镇供水行业职业技能培训教材》。

本教材共9册，分别为《水质检验工》《供水管道工》《供水泵站运行工》《供水营销员》《供水稽查员》《供水客户服务员》《供水调度工》《自来水生产工》《机电设备维修工》。

本套教材结合供水行业的特点，理论联系实际，系统阐述了城镇供水行业从业人员应掌握的安全生产知识、理论知识和操作技能等内容。内容简明扼要，定义明确，逻辑清晰，图文并举，文字通俗易懂。对提升城镇供水行业从业人员职业技能素质具有重要意义。

本套教材编写过程中参考了有关作者的著作，在此表示深深的谢意。

本套教材内容的缺点和不足之处在所难免，希望读者批评、指正。

浙江省城市水业协会

浙江省产品与工程标准化协会

前　言

本书根据《城镇供水行业职业技能标准》CJJ/T 225—2016 编写，是《城镇供水行业职业技能培训教材》中的分册，可供供水行业机电设备维修人员培训学习使用。

本书共分十二章，包括泵的基本知识、运行管理、维护保养以及常见故障；电工基础知识、水厂供电系统及主要设备的运行维护和常见故障排除、变频调速基础知识、运行维护和常见故障；水厂通用机械设备包括真空泵、风机、起重设备、阀门等的基础知识以及使用维护、常见故障；水厂通用投加系统的运行维护及常见故障、臭氧系统的基本知识及运行和维护、污泥干化系统的基本知识及运行和维护、消毒系统的基本知识及运行和维护、膜处理系统的基本知识及运行和维护等方面的内容。

本书由浙江嘉源环境集团有限公司朱海涛主编，查人光主审，其中第一、二、三章由沈卫民编写，第四、五章由杨志刚编写；第六章由许卫初编写；第七、八章由钟叶华编写；第九章由朱海涛编写；第十、十一章由张刚、孙海平编写；第十二章由徐兵编写。

本书内容的缺点和不足之处在所难免，希望读者批评、指正。

目　　录

第一章

安全生产

第一节　水厂安全生产基本知识

1. 水厂运行管理应坚持安全第一、预防为主、综合治理的原则。

2. 水厂安全管理主要内容应包括：安全规章制度、水质安全、设施设备安全、作业安全及安防管理。

3. 水厂应建立健全安全生产规章制度并有效落实。

4. 水厂内作业应严格遵守作业流程、施工要求及劳动保护和职业病预防相关要求。

5. 水厂设备主要包括机泵（水泵电机）、风机（鼓风机、空压机）、变压器、高压变配电设备、低压变配电设备、阀门、吸泥机、脱水机、臭氧发生器、加药装置、自动化设备以及相关特种设备等其他设备。

6. 水厂设备的安全按照主要设备分类可分为电气设备安全、机械设备安全和自动化设备安全。

7. 水厂设备维护检修应建立日常保养、定期维护和大修理三级维护检修制度。

8. 清理设备及周围环境卫生时，严禁擦拭设备运转部位，冲洗水不得溅到电机带电部位、润滑部位及电缆头等。

9. 起重设备、锅炉、压力容器等特种设备的安装、使用、检修、维护、检测及鉴定，必须符合国家现行有关标准的规定。

10. 停用的设备应每月至少进行 1 次运转。环境温度低于 0℃时，必须采取防冻措施。设备长时间停机后再开启时，应先点动，后启动。冬季有结冰时，应除冰后再启动。

11. 电气设备外壳接地必须保证良好，并带有接地装置和符号，每年进行检测。

12. 电气设备绝缘必须良好，并每年进行检测。

13. 水厂设备应处于完好状态，设备易损件应有备品备件。

14. 水厂设备应根据其性能、操作顺序等制定安全操作规程和检查、润滑、维护等制度。

15. 特殊场合的水厂设备必须满足防火防爆要求。

16. 设备运行维护部门应保证设备的正常运行及信息的完整性和正确性，发现故障或接到设备故障通知后，应立即进行处理，并及时上报有关部门。事后应详细记录故障现象、原因及处理过程，必要时写出分析报告。

第二节　水厂各类设备安全

1. 机械设备各组成部件的材质应满足卫生、环保和耐久性的要求。

2. 机械设备的布局应便于操作和维修。作业现场照度、湿度与温度、噪声和振动均应控制在规定值内，零件、工夹具等应摆放整齐。临空作业场所应具有安全保障措施。

3. 机械设备外观及周边环境应保持整洁，无跑、冒、滴、漏现象。

4. 机械设备安全装置装设应符合下列规定：

(1) 作旋转运动的零、部件应装设防护罩或防护挡板、防护栏杆等安全防护装置。

(2) 超压、超载、超温度、超时间、超行程等能发生危险事故的零、部件，应装设保险装置。

(3) 运行顺序不能颠倒的零、部件应装设联锁装置。

(4) 需要对人们进行警告或提醒注意时，应安设信号装置或警告牌等。

5. 机械设备配套电气装置应符合下列规定：

(1) 电机绝缘应良好，其接线板应有盖板防护，防止直接接触。

(2) 供电导线必须正确安装，不应有破损或露铜。

(3) 应有良好的接地或接零装置，连接的导线应牢固，不应有断开处。

(4) 开关、按钮等应完好无损，其带电部分不应裸露在外。

(5) 局部照明灯应使用 36V 的电压，禁止使用 110V 或 220V 电压。

6. 每台机械设备应根据其性能、操作顺序等制定安全操作规程和检查、润滑、维护等制度。

7. 机械设备的日常维护保养和大、中、小修理，应按设备的保养、维护要求执行。

8. 机械设备大修理应由专业检修人员负责，各类机泵设备可自行制定大修周期标准。

9. 机械设备的操作和控制方式应满足工艺和自动化控制系统的要求。

10. 起重设备、锅炉、压力容器、安全阀等特种设备必须检验合格，取得安全认证。运行期间应按国家相关规定进行定期检验。

11. 机械设备基础的抗震设防烈度不应低于主体构筑物的抗震设防烈度。

12. 机械设备有外露运动部件或走行装置时，应采取安全防护措施，并应对危险区域进行警示。

13. 泵类设备安全运行应符合下列规定：

(1) 流量、扬程、轴功率等技术参数应符合工艺要求。

(2) 水泵机组振动速度宜小于 2.8mm/s，噪声宜小于 85dB。

(3) 无人值班的机房或值班（维修）人员每日接触噪声时间少于 2h 的水泵机组，噪声不宜大于 90dB。

(4) 各润滑部位油位正常，油脂加注适当，油或油脂牌号正确，油色正常，油中无水分或杂质，无发热或跑冒滴漏。

（5）轴承温升不应高于 35℃，滚动轴承内极限温度不应高于 75℃，滑动轴承轴瓦温度不应高于 70℃。

（6）除机械密封及其他无泄漏密封外，滴水适中落水正常，无发热或飞溅，落水管不堵塞。填料压盖螺栓无松动。

（7）运行水泵无异常气味，无异音或机械摩擦声。

14. 鼓风机安全运行应符合下列规定：

（1）噪声应小于 90dB，振动速度应小于 4.5mm/s。

（2）皮带无磨损，过滤器无阻塞。

（3）冷却、润滑系统正常。

（4）压差不超过设定值，平稳。

（5）润滑油油位在标线范围内。

15. 阀门安全运行应符合下列规定：

（1）阀门的流向指示与实际运行一致。

（2）状态指示、现场开度与中控一致。

（3）油位正常，油品牌号正确，质量合格，油中无水分或杂质，补油系统工作正常。

（4）无异常振动和噪声。

16. 吸泥行车安全运行应符合下列规定：

（1）自控和就地操作正常。

（2）行走轮在钢轨上无"啃轨"或橡胶轮与池壁无明显挤压。

（3）排泥管出泥量正常，无堵塞。

（4）传动部分设有可靠的过力矩保护装置。

（5）两侧减速机同步运行，轴承处润滑油充足。

（6）鼓风机与电磁阀运行正常。

17. 离心脱水机安全运行应符合下列规定：

（1）各润滑部位油位正常，油或油脂牌号正确，油脂无乳化、杂质，无发热或跑冒滴漏。

（2）轴承温升不应超过 35℃，极限温度不应高于 75℃。

（3）液压油位在高、低油位线间；油颜色正常；液压油无乳化。

（4）离心机运行声音正常，无异音或机械摩擦声，噪声不大于 85dB，振动不大于 7.1mm/s。

（5）泥饼含固率大于 25%，外观应能成形，落下不飞溅；离心机分离液澄清。

（6）阀门开关状态显示与实际一致，动作无异声，无跑冒滴漏。

18. 起重机械安全运行应符合下列规定：

（1）醒目位置标有额定起重量的吨位标识；定期检验的应在起重机电源开关处张贴安全合格证（或复印件）。

（2）吊钩表面应光洁，无裂纹或变形等缺陷，吊钩出现缺陷不得补焊，吊钩的钩柄不应有塑性变形，吊钩的螺纹不得腐蚀；吊钩应转动灵活，吊钩闭锁装置应完好。

（3）钢丝绳不应有断股、扭结、笼形畸变、局部压扁等严重变形和损伤，润滑状况良好，钢丝绳长度必须保证吊钩降到最低位置（含地坑）时，余留在卷筒上的钢丝绳不少于

3 圈。钢丝绳夹夹座应在受力绳头一边。

（4）滑轮转动灵活、光洁平滑无裂纹，轮缘部分无缺损、无损伤钢丝绳的缺陷。

（5）行程限位及通电指示完好有效；控制器完好，无破损、锈蚀；导绳完好、起升机构钢丝绳缠绕有序，钢丝绳在卷筒上，应能按顺序整齐排列，不得脱离绳槽，制动装置完好有效。

19. 氯库、氨库应有泄漏检测、报警及中和装置等，中和装置性能应定期检测和试验。

20. 臭氧间应有完好的泄漏检测、报警装置，臭氧接触池应配置尾气吸收装置和环境监测仪。

21. 液氧站应设有独立封闭式隔离区域，并设置禁火禁烟标识及安全告知牌。

22. 液氧站日常巡检应注意液氧罐压力变化和汽化器结冰情况，液氧罐压力升高接近上限或汽化器结冰靠近最末两排时，应及时排放泄压或进行切换。

23. 机械设备防火防爆应符合下列规定：

（1）对冲击摩擦、明火、高温表面、自燃发热、绝热压缩、电火花、静电火花、光热射线等火源进行控制。

（2）安装阻火器、防爆片、防爆窗、阻火闸门以及安全阀等防火防爆安全装置。

第三节　维修作业安全

1. 作业应单独制定操作安全管理制定，作业过程中严格按照专项安全管理制度进行操作，并实行作业证审批制度。

2. 雷雨天气，操作人员在室外巡视或操作时应做防雷电措施。

3. 雨天或冰雪天气，应及时清除走道上的积水或冰雪，操作人员在构筑物上巡视或操作时，应注意防滑。

4. 生产车间环境安全应符合下列规定：

（1）车间宜实行定置摆放：工位器具、料、箱摆放整齐、平稳，高度合适，沿人行道两边不应有突出或锐边物品；危险部位应设置安全标志。

（2）作业区域地面平整，无积水、积油、垃圾杂物、无障碍物和绊脚物；坑、壕、池应设置盖板和护栏；脚踏板应完好、牢固且防滑。

（3）车间内电源开关、插座应采用封闭型，电气线路应穿铁管或阻燃塑料管敷设；生产作业点、工作面和安全通道照明灯布局合理，无照明盲区，灯具完好率100%。

（4）车间应按规定配备消防器材，且灵敏可靠；消防器材和防火部位均设置明显标志。

（5）生产车间中，各化学物质的溶解度必须符合现行国家标准《工作场所有害因素职业接触限值　第 2 部分：物理因素》GBZ 2.2 中工作场所空气中化学物质容许浓度的规定。

（6）生产车间中粉尘的含量必须符合现行国家标准《工作场所有害因素职业接触限值　第 1 部分：化学有害因素》GBZ 2.1 中工作场所空气中粉尘容许浓度的规定。

（7）生产车间的温度，必须符合现行国家标准《工作场所有害因素职业接触限值　第

2 部分：物理因素》GBZ 2.2 中高温作业职业接触限值的规定。

（8）生产车间的噪声，必须符合《工作场所有害因素职业接触限值 第 2 部分：物理因素》GBZ 2.2 中噪声职业接触限值的规定。

5. 应根据作业场所的实际情况，按照现行国家标准《安全标志及其使用导则》GB 2894 及城镇净水厂内部规定，在有较大危险因素的作业场所和设备设施上，设置明显的安全警示标志，进行危险提示、警示，告知危险的种类、后果及应急措施等。

6. 城镇净水厂应在设备设施检维修、施工、吊装等作业现场设置警戒区域和警示标志，在检维修现场的坑、井、洼、沟、陡坡等场所设置围栏和警示标识。

7. 高处作业时，应符合下列规定：

（1）进行高处作业前，应针对作业内容，进行危险辨识，制定相应的作业程序及安全措施。

（2）高处作业中的安全标志、工具、仪表、电气设施和各种设备，应在作业前加以检查，确认其完好后投入使用。

（3）高处作业前应制定高处作业应急预案，内容包括作业人员紧急状况时的逃生路线和救护方法，现场应配备的救生设施和灭火器材等。有关人员应熟知应急预案的内容。

（4）在紧急状态下（在下列情况下进行高处作业的）应执行单位的应急预案：

1）遇有 6 级以上强风、浓雾等恶劣气候下的露天攀登与悬空高处作业。

2）在临近有排放有毒、有害气体、粉尘的放空管线或烟囱的场所进行高处作业时，且作业点的有毒物浓度不明。

（5）高处作业前，作业单位现场负责人应对高处作业人员进行必要的安全教育，交代现场环境和作业安全要求以及作业中可能遇到意外时的处理和救护方法。

（6）高处作业使用的材料、器具、设备应符合有关安全标准要求。

（7）高处作业用的脚手架的搭设应符合国家有关标准。高处作业应根据实际要求配备符合安全要求的吊笼、梯子、防护围栏、挡脚板等。跳板应符合安全要求，两端应捆绑牢固。作业前，应检查所用的安全设施是否坚固、牢靠。夜间高处作业应有充足的照明。

（8）供高处作业人员上下用的梯道、电梯、吊笼等要符合有关标准要求；作业人员上下时要有可靠的安全措施。固定式钢直梯和钢斜梯应符合现行国家标准《固定式钢梯及平台安全要求 第 1 部分：钢直梯》GB 4053.1 和《固定式钢梯及平台安全要求 第 2 部分：钢斜梯》GB 4053.2 的规定。便携式木梯和便携式金属梯，应符合现行国家标准《便携式木折梯安全要求》GB 7059 和《便携式金属梯安全要求》GB 12142 的规定。

（9）便携式木梯和便携式金属梯梯脚底部应坚实，不得垫高使用；踏板不得有缺挡；梯子的上端应有固定措施；立梯工作角度宜为 75°±5°；梯子如需接长使用，应有可靠的连接措施，且接头不得超过 1 处。连接后梯梁的强度，不应低于单梯梯梁的强度；折梯使用时上部夹角以 35°～45° 为宜，铰链应牢固，并应有可靠的拉撑措施。

8. 进行动火作业时，应符合下列规定：

（1）进入易燃易爆品区域前应释放身体静电，不得携带手机、打火机、火柴等，在规定的范围内不得进行动火作业。

（2）雷雨天气，不宜进行室外作业；大风天气不宜进行动火作业，雨雪天气应有防滑措施。

（3）焊接、切割、烘烤或加热等动火作业前，应对作业现场的可燃物进行清理；作业现场及其附近无法移走的可燃物应采用不燃材料对其覆盖或隔离。

（4）裸露的可燃材料上严禁直接进行动火作业。

（5）具有火灾、爆炸危险的场所严禁明火。

9. 吊装作业应符合现行行业标准。

10. 有限空间作业应符合浙江省现行工程建设标准《有限空间作业安全技术规程》DB33/T 707 的规定。

11. 危险化学品使用应符合下列规定。

（1）危险化学品使用现场应符合下列规定：

1）作业现场应与明火区、高温区保持 10m 以上的安全距离。

2）作业现场应设有安全告示牌，标明该作业区危险化学品的特性、操作安全要点、应急措施等。

3）凡产生毒物的作业现场应设有稀释水源，具备公用的防毒面具和防毒服。

4）作业现场应有安全警示标识。

（2）现场使用点的危险化学品存放量不得超过当班的使用量，使用前和使用后应对容器进行检查，且定点存放。

（3）按规定的数量和种类配置消防器材和消防设施，且完好、有效；危险化学品使用现场应配置事故应急箱，应急用品完好、有效。

（4）工业气瓶安全附件齐全，使用场所应有防倾倒措施、存放量符合规定，与明火间距符合规定。

12. 次氯酸钠的使用应符合下列规定：

（1）运输应由具备危险品运输资质的单位承担。

（2）宜储存在地下设施中并加盖；采用地面以上的设施储存时，必须设置遮阳设施，高温季节应采取降温措施。

（3）次氯酸钠通过制备室内高点时，应设置可燃气体报警仪。氢气浓度高于 2% 时，应输出报警信号。

（4）次氯酸钠制备系统应确保气密性，并应有防止气体逸出的措施。

（5）次氯酸钠生产设备应定期进行检修，同时应使生产环境保持通风。

第二章

泵的基本知识及常见故障

第一节　泵的分类和工作原理

1. 按用途分类可分为：循环泵、消防泵、给水泵、排水泵、输油泵、喷灌泵、搅拌泵、井用泵、潜水泵等。

2. 按被输送介质分类可分为：清水泵、污水泵、热水泵、渣油泵、砂浆泵、泥浆泵、水泥泵等。

3. 按叶轮的吸入方式分类可分为：单吸式、双吸式等。

4. 按叶轮的数目分类可分为：单级、多级。

5. 按泵轴的位置分类可分为：立式、卧式。

6. 按泵的工作原理分类可分为叶片式泵、容积式泵和其他类型泵。水厂中常用的是离心泵、混流泵和轴流泵，均属于叶片式泵。

7. 离心泵的工作原理

离心泵启动前泵壳内要灌满液体，当电动机带动泵轴和叶轮旋转时，液体一方面随叶轮作圆周运动，一方面在离心力作用下自叶轮中心向外周抛出，液体从叶轮获得了压力能和速度能。当液体流经蜗壳到排液口时，部分速度将转变为静压力能。在液体被叶轮抛出时，叶轮中心部分造成低压区，与吸入的液面压力形成压力差，于是液体不断地被吸入，并以一定的压力排出。离心泵的工作原理如图 2-1 所示。

离心泵具有构造简单、能与电动机直接相连、不受转速限制、不易磨损、运行平稳、噪声小、出水均匀、调节方便、效率高、运行可靠、维修方便等优点。在叶片泵中，离心泵的用量最大、使用范围也最广。

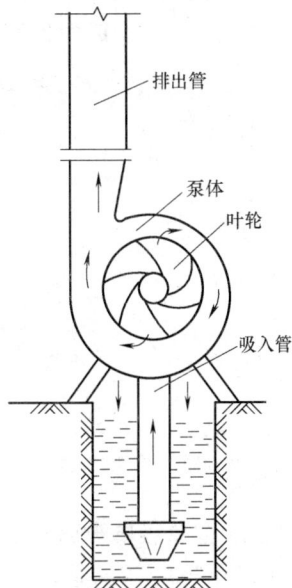

图 2-1　离心泵工作原理

第二节　常用水泵的结构型式及主要部件

1. S型单级双吸离心泵

S型单级双吸离心泵是SH型系列的更新，泵的性能指标比SH型泵的相应产品先进。

S型泵吸入口与吐出口均在泵轴线下方，与轴线垂直呈水平，泵壳中开，检修时无需拆卸进水、排出管路及电动机。从联轴器向泵的方向看，泵为顺时针方向旋转。泵体与泵盖构成叶轮的工作室，在进、出水法兰上设有安装真空表和压力表的管螺孔，进出水法兰的下部设有放水的管螺孔。

叶轮经过静平衡校验，用轴套和两侧的轴套螺母固定，其轴向位置可以通过轴套螺母调整。叶轮的轴向力利用其叶片的对称布置达到平衡，可能还有一些剩余轴向力则由轴端的轴承承受。泵轴由两只单列向心球轴承支承，轴承装在泵体两端的轴承体内，用黄油润滑。双吸密封环用以减少泵叶轮处泄漏量。泵通过弹性联轴器与电动机联接传动。

轴封为软填料密封，为了冷却润滑密封腔和防止空气进入泵内，在填料之间装有填料环，泵工作时少量高压水通过泵盖中开面上的梯形凹槽流入填料腔，起水封作用。S型离心泵结构如图2-2所示，主要另部件及其作用见表2-1所示。

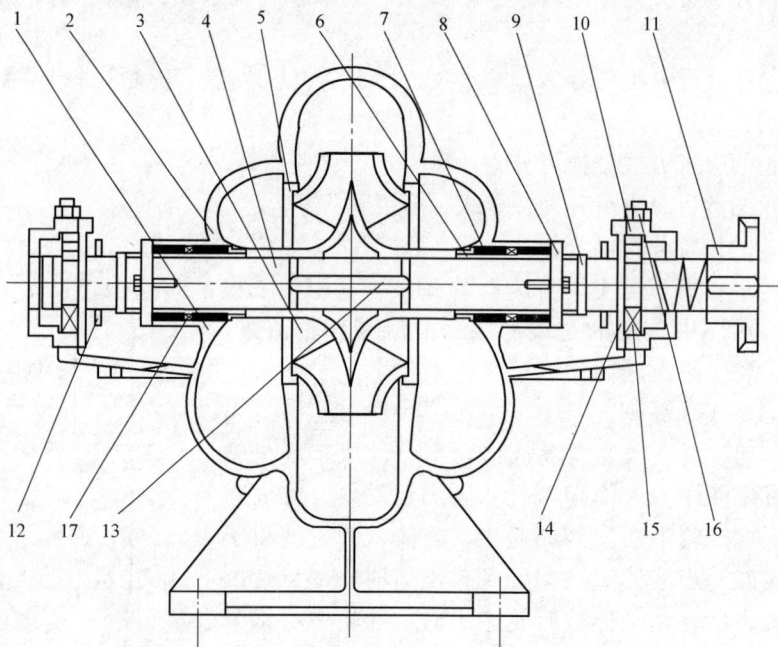

图2-2　S型单级双吸离心泵结构示意

1—泵体；2—泵盖；3—叶轮；4—泵轴；5—双吸密封环；6—轴套；7—填料；8—填料压盖；9—轴套螺母；10—轴承体；11—联轴器；12—挡水圈；13—键；14—轴承端盖；15—单列向心球轴承；16—轴承体压盖；17—填料环

2. IS型单级单吸离心泵

单级单吸离心泵是工业、农业等各部门应用最广泛的一种离心泵，它的结构由泵体、泵盖、叶轮、叶轮螺母、轴、轴套、轴承悬架、密封环、填料环、填料盖等组成。一般泵盖固定在泵体上，泵体固定在托架上，在托架内装有支承泵轴的轴承，轴承通常由托架内机油润滑，也可以用黄油润滑。叶轮则悬臂固定在泵轴上。所以称为单级悬臂式离心泵。这种泵的轴封装置大都采用填料密封。也有采用机械密封的。在叶轮上，一般多有平衡孔，或者用平衡管来平衡轴向力。

S 型离心泵主要零部件 表 2-1

名称	作　用
叶轮	叶轮是离心泵传递和转换能量的主要部件,通过它把电动机传递给泵轴的机械能转化为液体的压力能和动能。叶轮通常由盖板、叶片和轮毂等组成
泵轴	泵轴的作用是支承和连接叶轮成为泵的转动部分,并带动叶轮旋转。泵轴必须具有足够的抗扭和抗弯强度,通常用优质碳素钢制成
泵体与泵盖	泵体与泵盖构成叶轮的工作室,泵工作时这部分是固定不动的部件,其作用是把泵的各个部件联结成一个整体
双吸密封环	密封环是用来保持叶轮进口外缘与泵壳间有合适的转动间隙,以减少液体由高压区向低压区的泄漏
轴套	轴套是保护轴不受磨损和腐蚀,并用来固定叶轮的位置
轴承体	轴承体是泵的固定部分和转动部分的连接部件。它的作用是支承转动部件的重量,承受一定的轴向力和减小转动部件工作时的转动摩擦阻力,以提高传递能量的效率
填料函	填料函的作用是用来密封泵轴穿过泵壳处的间隙,以阻止高压液流在该间隙处的大量泄漏及防止空气进入泵内
联轴器	联轴器用于联接水泵轴和电动机轴,使它们一起转动,传递功率

单级悬臂式离心泵的结构简单、工作可靠、零部件少、制造工艺要求不高、噪声低、振动小，拆开联轴器就能取下整个轴承体转动部件。IS 型泵结构如图 2-3 所示。

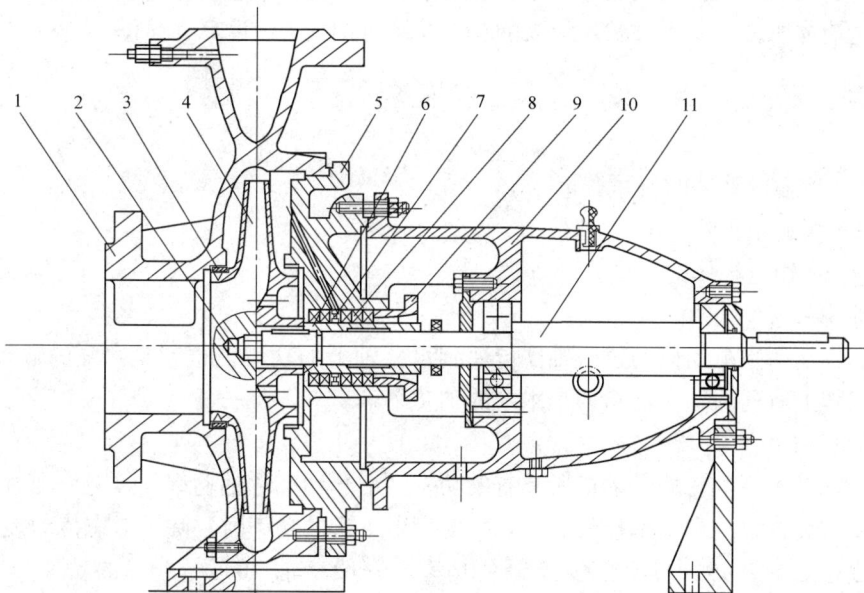

图 2-3　IS 型单级单吸离心泵

1—泵体；2—叶轮螺母；3—密封环；4—叶轮；5—泵盖；6—轴套；7—填料环；8—填料；
9—填料压盖；10—轴承悬架；11—泵轴

第三节　泵的性能参数

1. 流量

水泵在单位时间所输送的水量称为泵的流量，用字母 Q 表示。它的单位一般为：m^3/h、m^3/s、L/s。

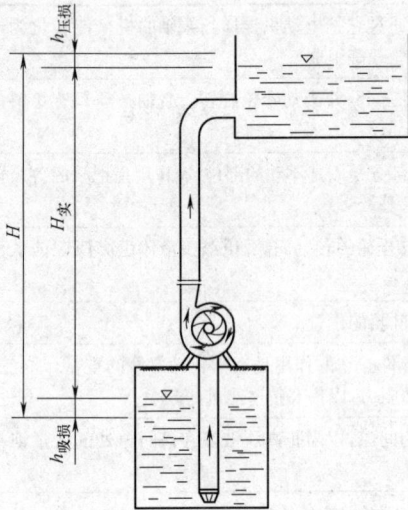

图 2-4　水泵扬程示意图

2. 扬程

单位质量的液体通过水泵以后所获得的能量称为扬程，又叫总扬程或全扬程，用字母 H 表示。扬程的单位为 m，即液柱高度。水泵的全扬程为（图 2-4）：

$$H = H_{实} + h_{吸损} + h_{压损} \qquad (2\text{-}1)$$

式中　$H_{实}$——从吸水井内水面高度算起经过水泵提升后能达到的高度；

$h_{吸损}$——吸水侧的损失扬程；

$h_{压损}$——压水侧的损失扬程。

3. 功率

水泵在单位时间内所做的功称为功率，功率的单位为 kW，它们有如下关系：$1kW = 102kg \cdot m/s = 1000N \cdot m/s$。

（1）有效功率（N_e）

水泵的有效功率又称泵的输出功率，它表示单位时间内液体从泵中获得的能量，即水泵对被输送液体所做的实际有效功。泵的有效功率可用式 2-2 计算（单位：kW）：

$$N_e = \frac{\gamma \times Q \times H}{102} \qquad (2\text{-}2)$$

式中　Q——所输送液体的流量，m^3/s；

H——泵的全扬程，m；

γ——所输送液体的密度，kg/m^3。

（2）轴功率（N）

水泵的轴功率是电动机通过联轴器传递到水泵轴上的功率，也就是水泵的输入功率。通常水泵铭牌上所列的功率均指的是水泵的轴功率。

（3）配套功率（N_g）

配套功率是指泵配套的电动机所具有的功率。配套功率比轴功率大，因为动力传递给水泵时，传动装置也会有功率损失。在选择配套电动机的功率时，除了考虑传动装置损失外，还应考虑到水泵必须具有的安全储备功率，一般增加 $10\% \sim 30\%$ 的功率作为储备功率。

4. 效率

水泵的效率是有效功率和轴功率之比值，即：

$$\eta = \frac{N_e}{N} \times 100\%$$ (2-3)

效率是表示水泵性能好坏的重要经济技术指标，水泵铭牌上的效率（额定效率）是指该泵在额定转速运行时可以达到的最高效率值。水泵在实际运转时，由于受其他因素和技术参数变化的影响，其实际运行效率往往有很大的变化。

5. 转速

转速指水泵叶轮每分钟转动的次数，用字母 n 表示，单位为 r/min 。

6. 允许吸上真空高度（H_s）及汽蚀余量（Δh）

（1）允许吸上真空高度是指水泵在标准状态下，水温为 20℃，表面压力为一个标准大气压下运转时，水泵所允许的最大吸上真空高度，单位为米水柱（mH₂O），一般用 H_S 来反映水泵的吸水性能。它是水泵运行不产生汽蚀的一个重要参数。

（2）汽蚀余量是指水泵进口处，单位质量液体所具有超过饱和蒸汽压力（汽化压力）的富余量，它是水泵吸水性能的一个重要参数，单位为米水柱（mH₂O）。汽蚀余量也常用 $NPSH$ 表示。

7. 比转速

它是表示水泵特性的一个综合性数据。比转速虽然也有转速二字，但它与水泵的转速完全是两个概念。水泵的比转速是指一个假想叶轮的转速，这个叶轮与该水泵的叶轮几何形状完全相似，它的扬程为 1m，流量为 $0.075\text{m}^3/\text{s}$ 时所具有的转速。比转速常用符号 n_s 来表示。

8. 泵的性能内曲线

泵的性能主要通过性能参数来体现，这些参数之间互相联系又互相制约，当其中的一个参数发生变化时，其他参数也都跟随发生变化。泵的主要性能参数之间的相互关系和变化规律用曲线表示出来，这种曲线称为泵的性能曲线或特性曲线。泵的性能曲线是液体在泵内运动规律的外部表现形式。

图 2-5 为 32SA-10A 单级双吸离心泵的性能曲线。

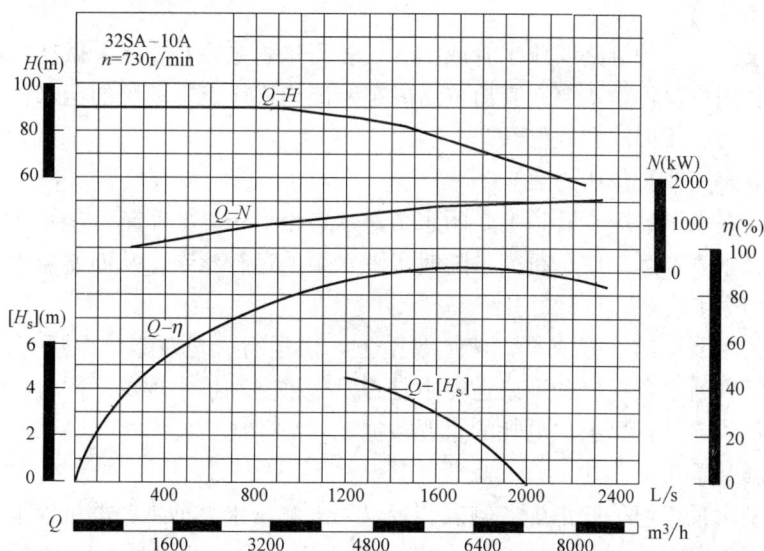

图 2-5 32SA-10A 单级双吸离心泵的性能曲线

分别介绍如下：

（1）流量—扬程曲线

图中 Q-H 曲线即为流量—扬程曲线，从曲线可以看出：当流量较小时，其扬程较高；而当流量慢慢增加时，扬程却跟着逐渐降低。

（2）流量—功率曲线

图中 Q-N 曲线是流量—功率曲线，双吸离心泵流量较小时，它的轴功率也较小；当流量逐渐增大时，轴功率曲线上升。

（3）流量—效率曲线

图中 Q-η 曲线是流量—效率曲线，双吸离心泵流量较小时，它的效率并不高；当流量逐渐增大时，它的效率也慢慢提高；当流量增大到一定值后，再继续增大时，效率非但不再继续提高，后而慢慢降低，曲线形状好像一个平缓的山顶，大部分离心泵效率的高效区范围并不宽。

（4）流量—允许吸上真空高度曲线

图中 Q-$[H_s]$ 曲线是流量—允许吸上真空高度曲线，曲线表示水泵在相应流量下工作时，水泵所允许的最大极限吸上真空高度值。它并不表示在某流量 Q、扬程 H 点工作时的实际吸水真空高度值。水泵的实际吸水真空高度值，必须小于 Q-$[H_s]$ 曲线上的相应值，否则，水泵将会产生汽蚀现象。

9. 水泵附属设备

（1）吸水管路

吸水管路装设在水泵的吸水侧，是水泵吸取水源的管路。一般小型泵站的吸水管在底部装有底阀，底阀上装有止回阀板，吸水时阀板向上开启，停机时阀板关闭。如管路无泄漏，则吸水管一直处于满灌状态，为下次开机创造了条件。

底阀易漏水，且易造成一定的水头损失，因此现在比较大的泵站均取消底阀，使用真空引水办法。这种方法可减少维修量、减少吸入管路水头损失。

（2）压水管路

水从水泵出口后的管路叫压水管或出水管。压水管主要是将水泵做功后增加能量的水输送至管网和用户。每台水泵在其出口后一定距离内都应有它单独的压水管路，在压水管路上装有出水阀、止回阀和检修阀。

（3）真空表（或真空压力表）

真空表装在水泵的吸水管道上，距水泵进水口 200mm 处为宜。它主要为运行人员提供运行中的吸水真空度，使运行人员随时了解水泵的运行状态，从而避免水泵产生汽蚀。

（4）压力表

压力表装在泵口出水管或泵口法兰盘上方，供运行人员观察该泵运行时泵的出口压力。通过它可判断水泵在启动后或运行中是否发生抽空和掉水现象。同时，它的指示值和真空表的指示值，是计算配水电耗的重要数据。

（5）测温装置

大、中型水泵机组一般都配备测温装置，用来测量水泵轴承、电机轴承和绕组等处的温度。装置的测温元件（如 PT100）一般都埋入设备内部测量处，同时在设备外部配备控制箱，实行显示、报警、跳闸等功能。

（6）机组配套的启动、控制等设备

启动设备有：自耦减压启动箱、软启动箱等。控制设备有：变频调速柜、机旁按钮箱、阀门控制箱等。补偿设备有：就地补偿电容柜。保护设备有：就地防雷器柜。

10. 泵站附属设备

（1）引水设备

泵站内卧式离心泵，启动前须进行排气。按泵站各自不同的情况，目前采用两种排气方式：灌注式排气与吸入式排气。其目的都是将泵内与吸水管内的空气用注水及吸水的方法将其排出，以便水泵的启动和运行。

1）抽真空引水装置

水泵每次启动前，先启动真空泵将吸水管路和泵内空气抽出。由于大气压的作用，使吸水池中的水沿吸水管路进入泵体内，一直进行到吸水管路及泵体内的全部空气被水置换时为止。整套装置由吸水管（或叫抽气管）、水环式真空泵、气水分离器、补水管、排水管等组成。

2）自动引水装置（真空吊水装置）

本装置是在水泵和真空泵之间设置一个真空罐，并使真空罐一直保持规定的水位（即保持一定的真空度），这样可使水泵永远处于满水状态，可以随时启动水泵，而不用在运行前再做抽真空引水工作。

（2）排水设备

泵站内由填料函等处排出的小股水流，经集水沟收集，流到集水井，由排水泵排出泵站外。排水泵一般用水位控制仪进行自动排水。

（3）起重设备

泵站内一般都应设置起重设备，以利水泵、电机、阀门等设备的安装和检修。常用的起重设备有：手动单梁起重机、电动葫芦、电动单梁起重机、电动双梁起重机、桥式起重机等。

（4）计量仪表

1）水位仪

为了随时了解水位变化情况，一般都在清水池或吸水井装设水位仪。水位仪有超声波式、压力传感式、电容式等几种。水位仪应定期进行检定或校对。

2）流量仪

为了计量泵站的出水量，一般都在出口总管中装设流量仪。用得较多的流量仪有：电磁式流量仪、超声波流量计、插入式涡街流量计、插入式涡轮流量计等。

3）压力变送器

压力变送器装设在泵站出口总管上，以实行压力记录及远传。

4）电气仪表

电气仪表有：电度表、电压表、电流表、功率因素表等。它们所显示的数值与机泵的安全、电耗等密切相关。

5）水质仪表

水质仪表有：浊度仪、余氯仪等，用来监测出厂水质。

（5）水锤消除装置

泵站的水锤可引起水泵、阀门、止回阀和管道的破坏。泵站常用的水锤消除装置有：液控蝶阀、微阻缓闭止回阀、水锤消除器等。

第四节　泵的运行及常见故障

泵的运行管理涉及水厂的安全供水，运行管理工作最基本的内容是：正确的操作、对水泵机组有效的监视、及时排除故障。本章主要针对水厂常用的离心泵的运行管理作简单介绍。

1. 运行前的准备工作

值班人员在收到机组启动命令后，应立即进行下列开泵前的准备工作。

（1）电气启动系统的检查（表 2-2）

电气启动系统的检查　　　　　　　　　　　　　　　　　表 2-2

序号	检查内容
1	对于高压电动机(10/6kV)，应检查电源电压、高压开关柜、高压液阻软起动器、就地电容补偿柜、机旁避雷器柜等，并填写操作票、准备安全用具
2	对于低压电动机(380V)，应检查电源电压、低压配电柜引出回路、降压起动装置、就地电容补偿装置等，尤其要检查接触器动作是否灵活、主触头是否熔焊咬牢
3	对于变频调速机组，应增加检查变频调速装置及通风系统

（2）电动机的检查（表 2-3）。

电动机的检查　　　　　　　　　　　　　　　　　　　表 2-3

序号	检查内容
1	电动机停役时间较长，在投入运行前应做绝缘试验。但对于有电加热的高压电动机，且停役期间电加热一直开着，投入运行前可以不做绝缘试验
2	检查电动机轴承油位及冷却系统是否正常
3	检查电动机测温巡检装置是否正常

（3）水泵及其附属设备的检查（表 2-4）。

水泵及其附属设备的检查　　　　　　　　　　　　　　表 2-4

序号	检查内容
1	检查清水池或吸水井的水位是否适合开泵
2	检查水泵进水侧阀门是否开启，出水阀门是否关闭
3	检查水泵轴承油位是否正常
4	按出水旋转方向盘车，检查泵内是否有异物及阻滞现象
5	检查各种仪表(压力表、电流表、电压表、水位仪、流量仪等)是否正常

2. 机组启动

在完成运行前的准备工作后，方可启动机组。启动机组一般以机旁就地操作为好，发现异常情况时能得到及时处理。

（1）机组的启动（表 2-5）。

机组的启动 表 2-5

序号	启动步骤
1	机组灌水或抽真空
2	接通电动机的电源(对于高压电动机,持操作票按操作规程进行操作;对于低压电动机,按下启动按钮时,注意电流表的变化,尤其是降压启动采用手动切换时,更应注意电流表指针的回落情况)
3	观察电动机及水泵的声音、泵口压力是否正常
4	开启出水阀门(观察电流表指针是否随着阀门开启度的增大而增大)
5	出水阀开足后,应作下面检查:1)仔细检查水泵、电动机的声音、振动是否正常;2)检查轴承是否正常;3)检查填料室滴水是否正常;4)检查电流、电压、出厂压力、出水量
6	填写值班记录和运行报表

（2）开泵过程中异常情况处理

在开泵过程中，值班人员应时刻注意现场设备的运况，在遇到表 2-6 中的情况之一时，应立即停泵或中止启动顺序，对有关设备进行检查。

开泵异常情况 表 2-6

序号	异常情况
1	机组启动后,泵口压力表无指示或数值过低,说明泵未出水(空车),里面有空气,需重新排气后再启动
2	电动机启动过程中保护装置动作,断路器跳闸。应在检查电动机及其主回路无故障、保护装置整定值正确的基础上,方能再次启动机组
3	出水阀门开足后,电流表指针仍停留在空车位置上或电流增加不多,应检查出水阀门
4	电动机电流及声音不正常、电机扫膛
5	电动机或水泵振动过大
6	轴承损坏

3. 机组运行

为了保证水泵机组安全运转，应做好表 2-7 所述的各项工作。

机组运行中检查 表 2-7

序号	检查内容
1	电动机运行电流不超过额定值,三相不平衡电流不超过 10%
2	电动机的运行电压应在其额定电压的 $-10\%\sim+10\%$ 的范围内
3	电动机运行时各部分的温度、温升不超过允许值,具体参见电动机的运行
4	机组的振动、声音应正常:1)电动机振动、声音的检查参见电动机运行一节;2)水泵的振动可用手摸判断是否比以前增大,同时也可用振动仪测量,振动烈度应达到 C 级(一般可控制在 2.8mm/s 以下),水泵的声音检测可用听针或电子监听器来判断内部是否有异物
5	水泵填料室滴水符合要求:检查填料室是否有水滴出,滴水过小或没有滴水,易造成水封进气、轴套过热甚至造成抱轴故障,滴水过大又造成水的浪费,滴水宜为每分钟 30~60 滴
6	关注清水池和吸水井的水位:根据工艺要求,清水池和吸水井都有一个最低水位限制,运行人员必须随时注意水位变化,水位过低时,易发生出浑水、水泵汽蚀、水泵进空气。水位接近最高水位时,要警惕停泵、调泵、故障跳车等引起清水池满溢
7	定时抄录真空表、压力表、电度表、流量仪读数,以计算配水电耗和评估机组的实际运行效率

4. 机组停止运行

当接到停泵命令后，应立即进行相关的停泵准备工作：观察清水池水位，防止高水位停泵时可能造成清水池满溢。当水泵用高压电动机驱动时，应事先填写好操作票及做好其他相关事宜。

（1）停泵操作（表 2-8）。

停泵操作步骤   表 2-8

序号	操作步骤
1	关闭出水阀门
2	切断电动机的电源
3	填写报表：停机时间、水量读数、电量读数等

（2）停泵时异常情况的处理

停泵时最常见的异常情况是：操作主令电器无反应，电动机电源无法切断。可按表 2-9 所述进行处理。

停泵异常情况处理   表 2-9

序号	异常情况及处理
1	对于高压电动机，一般采用高压断路器柜（或断路器柜＋软启动柜）对电动机进行供电。操作主令电器无反应时，可直接手动机构跳闸以切断电动机的电源
2	对于低压电动机，一般通过接触器接通电动机的电源。当出现操作主令电器无反应时，可首先检查控制回路的熔断器是否熔断，若熔丝完好，一般故障为接触器主触头熔焊或控制回路故障，可拉开断路器（又称空气开关，位于接触器的电源侧），达到切断电动机电源的目的
3	有些水泵采用"泵—阀联锁"，无法停泵时，应检查联锁环节
4	采用应急办法停泵后，事后应找出原因，并消除缺陷

5. 故障及排除

卧式离心泵机组因使用不当、维修不足等原因，有时会发生一些故障，现将一些主要故障原因及排除方法列表于下。

（1）启动前充水困难

水泵启动前充水困难的排除方法，见表 2-10。

水泵充水困难的原因及排除方法   表 2-10

故障原因	排除方法
1. 吸水底阀损坏	1. 检修底阀
2. 水泵顶部排气阀门未打开	2. 打开排气阀
3. 真空泵抽气不足	3. 检查真空泵、真空管路及阀门、真空泵补给循环水
4. 吸水管路或泵壳、填料密封不良	4. 检查吸水管路及阀门、泵壳、填料与水封冷却水等，有密封不良处，应先排除

（2）水泵无法启动

1）按下按钮（或旋动控制开关）后，电动机不转动。这种故障原因大都发生在电动机的控制回路，按高、低压电动机的不同启动方式，分别列出排除方法，参见表2-11。

水泵无法启动的原因及排除方法（一） 表 2-11

现象	故障原因	排除方法
接触器不吸、电机不转（380V电动机）	1. 控制回路熔断器熔断	1. 调换同规格熔断器
	2. 停止按钮损坏	2. 修理或调换按钮
	3. 热继电器故障	3. 检查热继电器触点接触情况及接线有否脱落
	4. 接触器线圈故障	4. 调换线圈
	5. 电源断相	5. 检查电源，消除断相
操作机构不动，断路器未合闸，电动机不转动（10/6kV电动机）	1. 控制小熔丝熔断	1. 调换同规格熔断器
	2. 合闸回路熔断器熔断	2. 调换同规格熔断器
	3. 合闸回路断路	3. 检查合闸回路（包含联锁环节），消除断路
	4. 合闸线圈损坏	4. 调换合闸线圈
	5. 手车在试验位置	5. 手车推至接通位置

2）按下按钮（或旋动控制开关）后，电机转动（或点动）后即跳车。这种故障原因分为机械和电气两个方面，见表2-12。

水泵无法启动的原因及排除方法（二） 表 2-12

故障原因	排除方法
机械方面	
1. 填料压的太紧	1. 调整填料松紧度
2. 轴承损坏	2. 调换轴承
3. 出水阀未关	3. 关闭出水阀
4. 泵轴与电动机轴不同心	4. 调整同心度
5. 叶轮被杂物卡住，使泵转动困难	5. 打开泵盖，清除杂物
6. 联轴器间隙过小，两轴相顶，引起泵轴功率增大	6. 重新调整联轴器间隙
电气方面	
1. 热保护被任意旋动过，整定值调得过小，躲不过启动	1. 按规范调整热继电器整定值
2. 降压启动箱内的启动和运转接触器调整不良，转换过程中主触头瞬间同时接通而造成短路跳闸	2. 仔细调整启动、运转接触器的反作用弹簧
3. 启动时间调得过小，启动电流未及降下来便转入全压运转，造成机组跳车	3. 调节启动时间
4. 电机或线路故障造成跳车	4. 检修电机或线路
5. 合闸机构故障（合闸后不能锁定）	5. 调整合闸机构
6. 继电保护动作	6. 首先检查电机、电缆等一次回路设备是否有故障。若一次回路设备无故障，则应检查继电保护定值是否过小，躲不过启动电流
7. 跳闸回路故障	7. 检查跳闸回路，消除误跳闸

（3）水泵启动后不出水或出水量过少

水泵启动后不出水或少出水，故障原因与排除方法，见表 2-13。

水泵启动后不出水的原因及排除方法　　　　　　　　　　表 2-13

故障原因	排除方法
1. 水泵未灌满水，泵内有空气	1. 停泵，重新抽真空
2. 底阀锈住，吸水口、吸水管路、叶轮槽道堵塞	2. 检修底阀，检查吸水管路、叶轮槽道，发现堵塞处予以排除
3. 吸水管路上的阀门阀板脱落	3. 检修进水阀门
4. 出水阀门阀板脱落	4. 检修出水阀门
5. 叶轮装反	5. 重装叶轮
6. 吸水管路或填料室漏气严重	6. 检查吸水管路及填料室漏气处，并于修复
7. 叶轮严重损坏、密封环磨损严重	7. 更换叶轮、密封环
8. 泵出水管位置高，出水管内窝气	8. 在出水管最高处装一排气阀，使出水管内充满水，随时将气排出
9. 水泵发生气蚀	9. 提高清水池水位或降低水泵安装高度
10. 管网压力高，泵扬程不足	10. 调换扬程高一些的水泵

（4）水泵振动、噪声大（表 2-14）

水泵振动、噪声大的原因及排除方法　　　　　　　　　　表 2-14

故障原因	排除方法
1. 水泵进入空气或出现汽蚀现象	1. 找出进入空气的原因，并采取相应措施消除；提高清水池水位，减小吸上真空高度
2. 泵内进入杂物	2. 打开泵盖，清除杂物
3. 水泵叶轮或电动机转子旋转不平衡	3. 解体检查，在排除其他原因的基础上，进行静平衡和动平衡试验
4. 水泵或电机地脚固定螺栓松动	4. 重新调整，紧固松动的螺栓
5. 电机、水泵不同心	5. 重新调整水泵、电机的同心度
6. 轴承损坏	6. 调换新的轴承
7. 泵轴弯曲	7. 更换泵轴
8. 流量过大或过小，远离泵的允许工况点	8. 调整控制出水量或更新改造设备，使之满足实际工况的需要
9. 水泵或电动机转动部分与静止部分有摩擦	9. 解体检修水泵或电动机
10. 电动机单相运转	10. 停机检查电动机主回路，找出断相处
11. 出水管路存有空气，在管道高处形成气囊引起管道振动，带动水泵振动	11. 在出水管道高处安装排气阀

（5）轴承过热（表 2-15）

水泵轴承过热的原因及排除方法　　　　　　　　　表 2-15

故障原因	排除方法
1. 滑动轴承油环转动慢,带油少或油位低、不上油	1. 检查油位,观察油环转动速度,检查修整或更换油环
2. 油箱冷却水供应不充分	2. 检查冷却水管及节门,有堵塞物应清除
3. 油箱内进水,破坏润滑油膜	3. 检查油箱内冷却水管及油箱密封情况,解决泄漏,更换新油
4. 润滑油牌号不符合原设计要求或油质不良、有水分、有杂质	4. 按说明书中要求使用润滑油,定期检测油质情况,补充油量时,一定使用同牌号润滑油并做到周期更换新油
5. 运行时机泵发生剧烈振动	5. 检查振动原因予以清除
6. 轴与滚动轴承内座圈发生松动产生摩擦(走内圈)	6. 修补轴径或更换新泵轴与轴承
7. 水泵轴与电机轴不同心或泵轴弯曲,使轴承受到很大的附加压力,增大了摩擦,引起发热	7. 调整电机、水泵的同心度,校正或调换泵轴
8. 滚动轴承缺油或加入的润滑脂太多	8. 清洗轴承,重新加入适量的润滑脂
9. 轴承安装不正确,或间隙不适当	9. 修理或调整轴承
10. 叶轮上的平衡孔堵塞,轴向推力增大,轴承轴向负荷增大,摩擦引起发热增大	10. 清除平衡孔的堵塞物

（6）水泵启动后轴功率过大

水泵启动后轴功率过大可从电流表指示中得到反映,该时电流数值比平时明显增大,有时甚至超过电机额定电流,故障原因及排除方法,见表 2-16。

水泵轴功率过大的原因及排除方法　　　　　　　　　表 2-16

故障原因	排除方法
1. 填料压得太紧	1. 调整填料压盖
2. 泵轴弯曲	2. 校正或调换泵轴
3. 轴承损坏	3. 调换轴承
4. 叶轮被杂物卡住或叶轮与泵壳相擦	4. 打开泵盖,清理或检修叶轮
5. 泵轴与电动机轴不同心	5. 调整同心度
6. 联轴器间隙过小	6. 调整联轴器的间隙

（7）填料室发热（表 2-17）

水泵填料室发热的原因及排除方法　　　　　　　　　表 2-17

故障原因	排除方法
1. 填料压盖压得太紧	1. 调整填料压盖螺栓,使松紧适当
2. 密封冷却管节门未开启或开启不足	2. 开启冷却水管节门,控制填料室有水不断滴出,每分钟以 30～60 滴为好
3. 换填料不当,使水封环移位,将串水孔堵死	3. 停机重新调整水封环位置,使其进水孔对准冷却水注入孔

故障原因	排除方法
4. 水泵未出水,无冷却水润滑	4. 停机重新按要求启动
5. 填料质量太差、牛油中有砂子、轴套磨损	5. 更换填料或轴套
6. 填料盒和轴不同心,使填料一侧周期性受挤压,导致填料发热	6. 检修填料盒,改正不同心
7. 填料规格太大或填料过多,使填料压盖进不到填料盒里面,造成压盖不正而磨轴,引起发热	7. 选择合适规格或适当减少填料,使压盖能进到盒内

(8) 水泵在运行中突然掉水(空车)

水泵在运行中突然空车,出现的征象为:电流表读数和正常值相比下降幅度很大,泵声音异常,呼声较大,出厂管网压力下降。故障原因与排除方法见表2-18所列。

水泵突然掉水的原因及排除方法　　　　　　　　表 2-18

故障原因	排除方法
1. 泵内进空气	1. 找出进入空气的原因,并采取相应的措施消除
2. 清水池水位过低	2. 采取措施提升清水池的水位
3. 吸水管被杂物堵住	3. 停泵清除吸水管内的杂物
4. 泵内出现严重的汽蚀	4. 提高清水池水位,减小吸上真空高度
5. 吸水管路阀门阀板脱落	5. 停泵检修吸水管阀门
6. 出水阀门因误动关闭或阀板脱落	6. 打开出水阀或停泵检修出水阀

(9) 水泵在运行中突然跳车

水泵运行中突然跳车,引起的原因有三个方面:水泵、电机、电源和启动回路,具体见表2-19。

水泵运行中突然跳车的原因及排除方法　　　　　表 2-19

故障原因	排除方法
1. 水泵机械故障引起轴功率大增,使电机过负荷保护动作而跳闸	1. 停机检修水泵
2. 电机故障(绕组短路、扫膛等)	2. 停机检修电机
3. 电源缺相,引起电机单相运转而跳闸	3. 检修电源部分
4. 热保护误动作引起跳闸:定值偏小、一次接线柱接触不良热量传入、气温过高等	4. 消除误动作的因素后,重新启动
5. 打雷引起瞬间低电压,泵房个别接触器线圈释放而跳车	5. 经检查后,重新启动
6. 高压电动机由于 PT 柜高压熔断器熔断引起低电压跳闸	6. 检查 PT 柜,放置同规格熔断器,重新启动
7. 泵出水管路中液控蝶阀故障(泄漏)引起跳车	7. 检修液控蝶阀

(10) 水泵在运行中出现电流表指针左右摆动(表2-20)

水泵电流表指针左右摆动的原因及排除方法　　表 2-20

故障原因	排除方法
1. 水泵内吸入空气	1. 找出进入空气的原因,并采取相应的措施消除
2. 叶轮内有异物或进水管有堵塞现象	2. 消除叶轮内的异物或进水管路的堵塞
3. 电源电压不稳定	3. 找出原因并消除
4. 笼型电机转子断条	4. 检修电机
5. 定子绕组一相断路	5. 检修电机

6. 水泵机组在运行中异常情况下的紧急处理

（1）水泵在运行中出现表 2-21 其中之一项者,应立即停机,启动备用设备。

水泵运行中的异常情况　　表 2-21

序号	异常情况内容
1	水泵掉水(空车)
2	发生严重汽蚀,短时间内调节水位无效时
3	水泵突然发生强烈的振动和噪声
4	阀门或止回阀阀板脱落
5	水泵发生断轴故障
6	泵进口堵塞,出水量明显减少
7	轴承温度超标或轴承烧毁
8	管路、阀门、止回阀之一发生爆破,大量漏水
9	冷却水进入轴承油箱
10	叶轮被杂物卡住或叶轮与泵壳相擦

（2）电动机在运行中出现表 2-22 其中之一项者,应立即停机,启用备用设备。

电动机运行中的异常情况　　表 2-22

序号	异常情况内容
1	电机发生强烈的振动、声音异常噪声大
2	电机出现冒烟、打火、绝缘烧焦气味
3	单相运行
4	轴承温度超标或轴承损坏、轴承箱进水
5	电机扫膛
6	同步电动机出现异步运行

第三章

常用水泵的维修保养

泵是水厂很重要的设备,它能否正常运行,将直接影响水厂或泵站的供水安全。正确使用、精心维修能使水泵保持良好的技术状态、延缓劣化进程、消灭隐患于萌芽状态。供水系统使用的泵类设备,一般容量大、运行台时率高、零部件磨损大,加强日常维护和定期检修显得尤为重要。泵类设备的检修应在状态检测基础上,有目的、有针对性地检修,按状态检测数据来安排检修时间和检修深度。水泵维修应采用日常保养、定期维护和大修理三级维护检修制度。本章主要以取水、送水泵房的水泵为主要对象。

第一节 泵的三级维修制度

1. 日常保养

日常保养(又称一级保养)为经常性工作,主要是:泵的日常检查、运行监视、设备表面和周围环境的清扫、简单维护等。日常保养由运行值班人员负责。日常保养主要内容见表 3-1 所列。

泵的日常保养 表 3-1

序号	保养内容
1	根据运行情况,调整填料压盖的松紧度,使填料密封滴水约为每分钟 30~60 滴
2	及时补充轴承内的润滑油或润滑脂,保证油位正常,并定期检测油质变化情况,换用新油
3	根据填料磨损情况及时更换填料。更换填料时,每根相邻填料接口应错开大于 90°,水封管应对准水封环,最外层填料开口应向下
4	监测机泵的振动,超标时,应检查固定螺栓和联接螺栓有无松动。不能排除时,应立即上报
5	检查、调整、更换阀门填料,做到不漏水,无油污、锈迹
6	检查真空表、压力表、流量仪、液位仪、电流表、电压表、温度计等仪表有无异常情况,发现仪表失准或损坏时应上报更换
7	做好水泵、阀门、管道等设备上的清洁工作,做到无锈蚀、防腐有效、铜铁分明、铭牌清楚;搞好设备附近场地的卫生工作

2. 定期维护

定期维护（又称二级保养或小修）是根据设备状况，定期对设备进行的预防性维修。水泵的定期维护包含两种情况：一是根据技术状态监测数据，分析表明泵存有某些局部小缺陷，需进行检查、修理，以避免小缺陷变成大缺陷；二是为保证安全供水，在水泵运行一定时间后，对其进行以预防性维修为主的检修。对于前者，应由状态监测所提供的信息来安排定期维护的时间和项目；对于后者，定期维护一般在水泵实际运转 2000h 进行，或一年一次。定期维护应打开泵盖，检查转动部分，轴承清洗加油、调换填料等，若发现缺陷需要更换零部件时，应达到大修质量标准。定期维护工作由维修人员担任。定期维护具体内容见表 3-2 所列。

泵的定期维护 表 3-2

序号	定期维护内容
1	完成日常保养全部内容
2	打开泵盖,吊出转动部分
3	轴承盖解体、清洗、换油、重新调整间隙;若轴承损坏则调换
4	检查和测量轴套磨损情况,若磨损严重,应调换,检查填料函各部件
5	检查叶轮及密封环腐蚀、磨损情况
6	检查联轴器橡胶圈损坏情况,检查泵轴和电机轴对中情况
7	转子静平衡试验
8	检查或检修附属设施、有关仪表、阀门及管路系统等
9	所有的检查、测试记录应入设备档案

3. 大修理

大修理是设备运行相当一段时间后，为恢复设备原有技术状态而进行的检修工作。根据水泵的运行工况、历史档案、状态检测数据等，经综合分析得出设备运行异常或存在较大缺陷，可安排大修，以消除隐患，恢复水泵的技术性能。大修理工作可在设备制造厂技术人员指导下由本单位的专业维修人员担任。大修理工作具体内容见表 3-3 所列。

泵的大修理 表 3-3

序号	大修理内容
1	包含定期维护的全部内容
2	打开泵盖,解体水泵,拆卸所有零部件,进行详细的检查并清洗
3	更换和修理全部有缺陷或损坏的零部件
4	检查泵壳(导流壳)、叶轮、密封环磨损、腐蚀、汽蚀情况,去除积垢、铁锈,刷无毒耐水防锈涂料;或调换叶轮、密封环
5	检修或更换轴承
6	检修或更换轴套
7	转子动平衡试验
8	检查泵本体、泵盖,泵外壳清扫刷漆

第二节 泵 的 拆 卸

1. IS 型悬臂式离心泵的拆卸

IS 型离心泵的拆卸见表 3-4。

IS 型悬臂式离心泵的拆卸 表 3-4

序号	拆卸部位	拆卸方法
1	泵盖的拆卸	先卸下泵盖与泵体间的连接螺母,然后用手锤垫以纯铜棒敲击泵盖,即可拆下,若带有顶出螺栓,则可用顶出螺栓顶下
2	叶轮的拆卸	拧下叶轮螺母,用木锤或铅锤沿叶轮四周轻轻击打即可拆下,若叶轮锈蚀在轴上时,可先用汽油浸洗后再拆
3	联轴器的拆卸	联轴器与轴配合较紧,用键固定在轴上。拆卸时用专用工具把联轴器慢慢地从轴端拉下来
4	泵体的拆卸	先卸下泵体与托架间的连接螺母,取下泵体,再卸下填料压盖取出在填料函体内的填料,然后从轴上取下轴套及挡水圈
5	泵轴的拆卸	先卸下托架轴承体上的前、后轴承压盖,再用纯铜棒由轴的前方向后(即向联轴器方向)敲打,即可把轴与轴承取下。在拆卸过程中,应注意不使轴损坏,拆出的零件集中顺序保管

2. S 型单级双吸离心泵的拆卸

S 型离心泵的拆卸见表 3-5。

S 型单级双吸离心泵的拆卸 表 3-5

序号	拆卸部位	拆卸方法
1	泵盖的拆卸	1. 拧下泵两侧的填料压盖与泵盖之间的连接螺母,将填料压盖向两侧拉开; 2. 拆下涡型体与泵盖之间的连接螺母与定位销,即可取下泵盖
2	联轴器的拆卸	拆卸的方法同 IS 型泵
3	转子部分的拆卸	1. 卸下泵两侧轴承体,然后把转子部分取出来放到木板上或橡皮垫上(不得碰伤叶轮和轴颈等); 2. 卸下轴承; 3. 取下填料压盖、填料环及填料套; 4. 取出叶轮两侧的双吸口环; 5. 拧下轴套两端背帽,拆下轴套; 6. 用压力机把叶轮由轴上压出或用图 3-1 所示方法打下叶轮(如果转子部分不是每个部件都要检修,就不必分别进行拆卸工作)

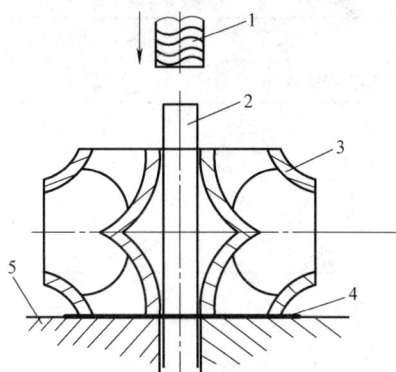

图 3-1　叶轮的拆卸

1—方木；2—泵轴；3—叶轮；4—铜垫；5—支撑体

第三节　泵零部件的清洗与修理

1. 泵的零部件清洗

水泵的零部件清洗是修理工作中的重要环节，清洗质量的好坏对机械修理质量影响很大，清洗主要内容见表 3-6。

泵的零部件清洗　　　　　　　　　　　　　　表 3-6

序号	清洗内容
1	用煤油清洗所有的螺栓
2	清洗水泵和法兰盘各接合面上的油垢和铁锈
3	刮去叶轮内外表面及密封环和轴承等处所积存的水垢及铁锈等物，再用水或压缩空气清洗、吹净
4	清洗泵壳内表面上积存的油垢和铁锈，清洗水封管、水封环，并检查是否畅通
5	用汽油清洗滚动轴承，如为滑动轴承，应将轴瓦上的油垢刮去，再用煤油清洗
6	暂时不进行装配的零部件，在清洗后都应涂油保护
7	注意操作安全，防止引起火灾

2. 泵的零部件检查与修理

泵的零部件检查与修理分为：轴承、轴封装置、口环、叶轮、泵轴、泵体等六个部分，分别介绍如下：

（1）轴承

1）滚动轴承的修理

a. 滚动轴承使用寿命平均在 5000h 左右，如果使用过久或安装维护不当，都会使轴承损坏。如发现滚动轴承内外圈有裂纹、滚球破碎，滚道有麻坑，保持架磨损，过热变色以及滚球和内外圈之间的间隙超过规定，均应更换新轴承。间隙的测量可用 0.03mm 的塞尺，间隙的规定值可参见表 3-7。

滚球、滚柱与轴承圈间隙值　　　　　　　　　　　　　表 3-7

轴承内径(mm)	径向间隙(mm)		
	新滚球轴承	新滚柱轴承	最大磨损许可值
20~30	0.01~0.02	0.03~0.05	0.10
35~50	0.01~0.02	0.05~0.07	0.20
55~80	0.01~0.02	0.06~0.08	0.20
85~120	0.02~0.03	0.08~0.10	0.30
130~150	0.03~0.04	0.10~0.12	0.30

b. 如内圈较紧或转动不够灵活，可能是滚球的保持架因变形歪扭和轴承圈产生机械摩擦，这时可用手锤轻轻敲打保持架，以校正其变形部位。

c. 轴承外表上如有铁锈，可用细砂纸擦除，然后洗净擦干。

d. 泵轴和轴承内圈配合较紧时，一般用压入法，如有困难可用加热法。

2）滑动轴承的修理

a. 轴瓦的修理

滑动轴承的轴瓦是最容易磨损或烧坏的零件。一般来说，如果轴瓦合金表面的磨损、擦伤、剥落和溶化部位等大于轴瓦接触面积的 25％时，应重新浇注轴瓦合金。当低于 25％时，可予以焊补，焊补时所用的巴氏合金必须和轴瓦上原有的牌号完全相同。

此外，如果轴瓦上出现裂纹或破裂，以及当间隙超过表 3-8 中的规定值时，都必须重新浇注轴承合金。重新浇注合金后的轴瓦，要进行车削、研刮。

滑动轴承的轴颈与轴瓦的间隙值　　　　　　　　　　表 3-8

轴承内径(mm)	1500r/min 以下 间隙(mm)	1500r/min 以上 间隙(mm)
30~50	0.075~0.160	0.17~0.34
50~80	0.095~0.195	0.20~0.40
80~120	0.120~0.235	0.23~0.46
120~180	0.150~0.285	0.26~0.53
180~200	0.180~0.330	0.30~0.60

b. 轴瓦的研刮

研刮轴瓦应先在泵轴上涂一层红铅油，再把泵轴放在轴瓦内来回转两圈，取出泵轴，这时在轴承表面会看到许多大小分布不均匀的小黑点。这些小黑点表示轴瓦高出部分，应用刮刀轻轻将其刮去。然后，重复上述步骤，直至轴瓦表面所显示的小黑点均匀密布为止。研刮时，应先刮下轴瓦，后刮上轴瓦。

c. 轴颈和轴瓦之间的间隙测量方法

轴颈和轴瓦之间的测量一般用压铅丝法，测量时，首先将轴承的下半轴瓦的两侧平面上以及轴颈顶部放置直径 1~1.5mm 的保险丝，然后将上轴瓦、轴承盖合上，用螺栓拧紧后再将轴承盖打开，取出被压扁的保险丝，再用千分尺测量出其厚度（一般沿保险丝长度测量 3~5 点取其平均值），最后再根据测出的各根保险丝的厚度按式 3-1 计算轴瓦的径向间隙 A：

$$A = C - \frac{a+b}{2}$$　　　　　　　　　　　　　　（3-1）

式中　a、b——分别为放在轴瓦两侧的保险丝被压扁后所测出的平均厚度，mm；

　　　　C——为轴颈顶部的保险丝被压扁后所测出的平均厚度，mm。

（2）轴封装置

旋转的泵轴及轴套与静止的泵体之间的密封装置称为轴封。它的作用是防止被输送的高压介质从泵内漏出和外部气体进入泵内。

轴封装置的结构如图 3-2 所示，它由轴套、填料压盖、填料、水封管、填料环、填料函体、填料挡套及轴等组成。密封的好坏可用松或紧填料压盖的方法来实现。如果填料压得太紧，虽然减少了泄漏，但填料与轴套或轴间的摩擦增加，严重时导致发热、冒烟甚至将填料与轴套烧毁；如果填料压得过松，则泄漏量增加，甚至因泄漏量过大或大量气体进入泵内而破坏了泵的正常运行。填料密封的合理泄漏量应为每分钟 30～60 滴较为合适。离心泵常用的软填料见表 3-9，轴封的检查和修理见表 3-10。

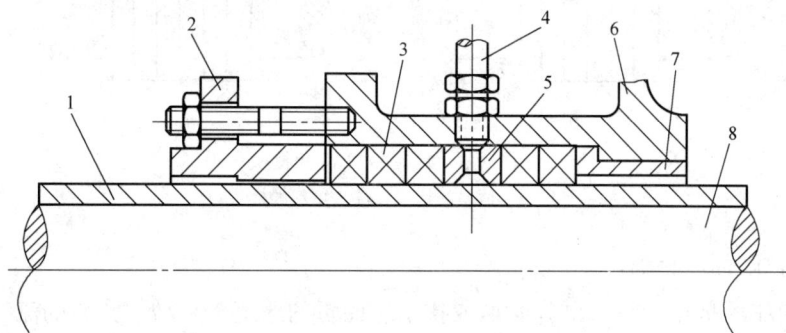

图 3-2　轴向密封装置

1—轴套；2—填料压盖；3—填料；4—水封管；5—填料环；6—填料函体；7—填料挡套；8—轴

各种液体适用的软填料　　　　　　　　　　　　　　　　　　　表 3-9

轴封填料	水		油	
	冷	热	冷	热
油麻盘根				
油浸石棉盘根	√	√	√	
石墨石棉盘根	√	√		√
浸氟石棉盘根	√			
氟纤维盘根			√	
半金属盘根	√	√	√	√
金属盘根			√	√

轴封的检查和修理　　　　　　　　　　　　　　　　　　　　表 3-10

序号	检查和修理的内容
1	轴套磨损较大或出现沟痕时,应换新件。轴被磨损时,较轻的可采用刷镀技术恢复,较重的可采用喷涂或镶套
2	填料挡套和填料环磨损过大时应换新件

续表

序号	检查和修理的内容
3	轴封的其他零件也都要拆除清洗
4	填料应更换新的。切割填料时,应将所需长度的软填料紧紧缠绕在直径与轴相同的棒料上,然后在棒料上逐个切下密封圈,并要求切口平行、整齐,而且切口的线头不松散,切口为30°角。装填料时,填料接头必须错开交错成120°,如图3-3所示
5	安装时应注意使填料环对准水封孔,以免填料堵死水封孔,使水封失去作用

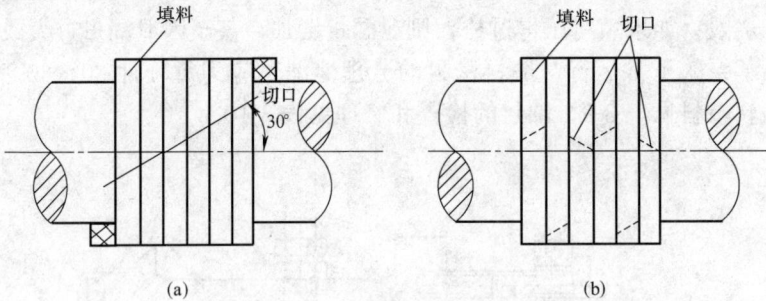

图 3-3 填料的切口和接头

(a) 填料的切口;(b) 填料的接头

(3)口环(密封环)

口环的作用是在叶轮与泵壳间形成狭窄、曲折的通道,来增加介质的流动阻力,达到减少介质泄漏的目的。口环的设置还起到保护泵上主要零件不受磨损的作用,在口环磨损后,可以修复或更换新环、恢复正常装配间隙,这样既经济又便于检修。

口环的完好性及它与叶轮间径向间隙 δ(图3-4),在拆卸泵时应首先检查,如口环已有沟槽等缺损或已破裂,或间隙 δ 超过表3-11中所规定的数值时,应更换新的口环或将原有口环补焊修复。

泵在运行中,口环与叶轮的相应圆周是同时磨损而造成间隙增大的,新口环内径应按

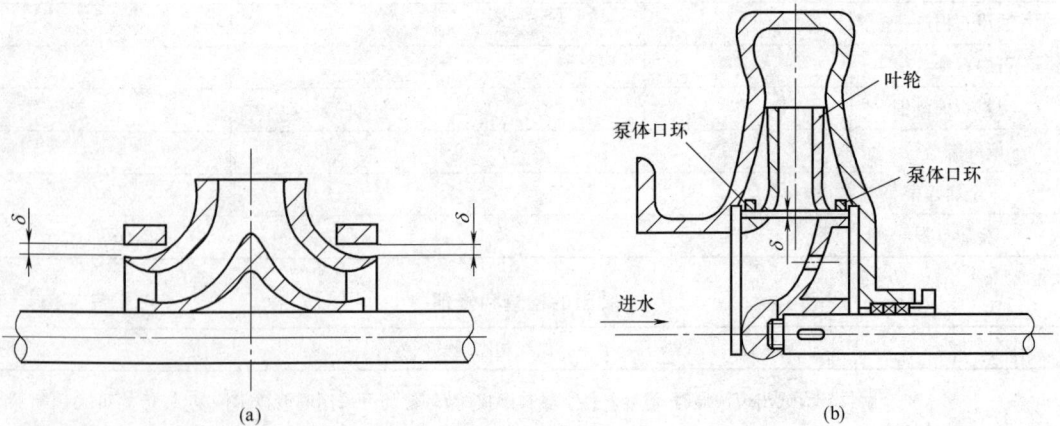

图 3-4 叶轮的径向间隙

(a) 双吸叶轮;(b) 单级叶轮

叶轮入口外径来配制，叶轮与口环之间的径向间隙应参照表 3-11 的规定。在修理过程中，这个间隙力求小一点，才能提高泵的工作效率和延长使用期限。

当原有合金磨损量不大，而又无剥离、脱落现象时可用补焊方法修复；但当磨损量太大或有脱落剥离现象时，则应调换新的口环。

新口环装上后，应检查它与叶轮的间隙是否符合表 3-11 的要求。同时，要检查两者间有无摩擦现象，其方法是在转子部分涂上红铅粉，然后转动转子，若口环上沾有红铅粉则必须返修。

口环间隙（mm） 表 3-11

口环名义直径	半径方向间隙允许值	磨损后的半径方向间隙
50～80	0.06～0.36	0.48
>80～120	0.06～0.38	0.48
>120～150	0.07～0.44	0.60
>150～180	0.08～0.48	0.60
>180～220	0.09～0.54	0.70
>220～260	0.10～0.58	0.70
>260～290	0.10～0.60	0.80
>290～320	0.11～0.64	0.80
>320～360	0.12～0.68	0.80

（4）叶轮

1）叶轮的更换

经过使用的叶轮可能产生某种损坏，叶轮遇有表 3-12 中任一项者，应该更换。

叶轮的更换 表 3-12

序号	损坏内容
1	叶轮表面出现裂纹
2	叶轮表面因腐蚀、浸蚀或汽蚀而形成较多的孔眼
3	因冲刷而造成叶轮盖板及叶子等变薄，影响了机械强度
4	叶轮的口环轮毂发生较严重的偏磨现象而无修复价值者

2）叶轮的修理

叶轮的修理，见表 3-13。离心泵叶轮静平衡允差值，见表 3-14。

叶轮修理 表 3-13

序号	修理内容
1	叶轮腐蚀如不严重或砂眼不多时，可以用补焊的方法修复。铜叶轮用黄铜补焊，铸铁叶轮亦可用黄铜补焊
2	补焊的方法是焊前对需施焊的部位进行清理，去除油污、锈蚀、氧化皮等。可以局部或整体预热至250～450℃。操作时一般采用压焊法，以减少焊缝金属的过热，并改善焊缝的形成。焊后保温缓冷，以消除应力，改善性能。冷却后进行机械加工
3	单环型口环轮毂磨损出沟痕，或偏磨现象不严重时，可用砂布打磨，在厚度允许的情况下亦可剖光；或用金属喷涂法，恢复原始尺寸
4	双环型内口环密封边磨损出沟痕，或偏磨现象不严重时，亦可用砂布打磨，在厚度允许的情况下亦可剖光；磨损或偏磨严重时，则可更换新内环

序号	修理内容
5	新叶轮或经修复的叶轮都应进行静平衡试验。叶轮的平衡方法是用去重法。可将试验完的叶轮放到铣床上,在较重的那一面上铣去与较轻那一面在平衡试验时所夹的物体等重的切屑。但在叶轮盖板上铣去的厚度不可超过叶轮盖板厚度的1/3,允许在前后两盖板上切去,切削部分痕迹应与盖板圆盘平滑过渡

叶轮静平衡的允差值　　　　　　　　　　　　　　　　　　表 3-14

叶轮外径(mm)	叶轮最大直径上的静平衡允差值(g)	叶轮外径(mm)	叶轮最大直径上的静平衡允差值(g)
≤200	3	501~700	15
201~300	5	701~900	20
301~400	8	901~1200	30
401~500	10		

(5)泵轴

泵轴是转子的主要部件,轴上装有叶轮、轴套等零件,借轴承支承在泵体中作高速旋转,以传递转矩。

1)泵轴的更换

泵轴遇有表 3-15 中任一项者,应更换新件。

泵轴更换　　　　　　　　　　　　　　　　　　表 3-15

序号	故障现象
1	轴已产生裂纹
2	表面有较严重的磨损,或被高压水冲刷而出现较大的沟痕,足以影响泵轴的强度,或由于严重的滚键等缺损已无修理价值的
3	轴弯曲严重无法校直

2)泵轴的修理

轴拆出经清洗后,应进行裂纹、表面缺陷、各相关轴颈的尺寸精度及弯曲度的检查,以确定修理方案。

轴的弯曲度可在普通车床上,用百分表检查,弯曲量不能超过 0.06mm,若大于该值,则应进行校直。泵轴的校直,见表 3-16。

泵轴的校直　　　　　　　　　　　　　　　　　　表 3-16

序号	校直方法
1	用螺旋压力机校直。如轴弯曲较大时可在柱梁平台或螺旋压力机上进行。校直时弯曲的凸点朝上
2	直径较大而直接校直又较困难的轴,校直前要将弯曲处先用气焊加热,加热范围在 20~40mm,此范围以外部分,缠上石棉绳或包上保温玻璃棉。加热要缓慢均匀,当温度达到 600~650℃时,可把焊嘴移开继续保温,然后进行校直。校直后,停止加热,再在加热处保温使之慢慢冷却至室温,再测量弯曲量是否在规定范围之内
3	点热校直。将需校直的轴用两 V 形铁架在平台上,把最高凸点向上,用气焊快速于凸点上加热一直径为 5mm 左右的高温点(650~700℃),用温水浇淋快速冷却,测量弯曲量是否在规定范围之内,恢复量不够,可在同一轴向平面上再采用此法烤一些点,但同一点不可重复烧烤。一般情况下,热或点热校直的操作,须有一定的实际经验,否则很难取得预期的效果

轴颈的修理：泵轴的轴颈与相关件的连接有不发生相对运动的静连接和发生相对运动的动连接，但这两种连接的轴颈在使用过程中都可能产生磨损，修复的方法有：镀铬、热喷涂、刷镀等。对于修复量不大的滑动轴承轴颈亦可采用砂布打磨或用磨床磨光。

（6）泵体

泵体的损伤往往都是因机械应力或热应力的作用而出现裂纹，其检查与修理方法如下：

（1）裂纹检查

用手锤轻击壳体，如有破哑声，则说明已破裂，要仔细寻找裂纹点，必要时用放大镜寻找。裂纹找到后，可在裂纹处先浇上煤油，擦干表面，然后涂上一层白粉，并用手锤再次轻击壳体。不久，裂纹内煤油会浸蚀白粉，呈现一道黑线，即可判断出裂纹的走向和长度。

（2）裂纹的修补方法

1）如裂纹在不承受压力或不起密封作用的地方，为防止裂纹继续扩大，可在裂纹的两端各钻一个直径 5～6mm 的止裂孔，壁厚大于 6mm 以上的可钻直径为 7～8mm 的止裂孔。止裂孔的位置应距裂纹末端 5～10mm。

2）如裂纹在承压的地方，应进行补焊，方法如下：钻完止裂孔后，沿裂纹铲出 50°～60°的坡口，然后用气焊烧去油污，用钢刷清理焊口，用铸 308 焊条焊接。为不使焊缝太热，不能连续焊接，每次以焊长 30～40mm 为宜，当焊接一段焊缝后，立即用手锤轻轻锻打，以消除内应力。对于承压的壳体在补焊完后，要装配起来进行水压试验。试验压力为工作压力的 1.5 倍，保持压力的时间不得少于 5min，试验压力不能低于 0.2MPa。

第四节 泵 的 装 配

1. IS 型泵的装配

泵的装配，参见表 3-17。

IS 型泵的装配   表 3-17

装配顺序	装配内容
轴承与轴的装配	轴承与轴是紧配合，装配前应先将轴承放在机油中加热到 120℃左右，等受热膨胀后，再套到轴上。轴承套好后，用木榔头敲打轴头，将轴承打入托架中，然后把放上了纸垫的轴承盖盖上，上好螺栓。注意后轴承与盖板之间要留有一定的间隙，因为后轴承是不承受轴向力的
联轴器的装配	先将键放在轴的键槽中，再装联轴器。装联轴器时可在它的外侧垫上木块，用锤子隔着木块敲打，直到装好为止
后盖及填料函的装配	装后盖之前，先要把挡水圈、轴套套在轴的相应位置上。随后放上后盖，再把填料环以及填料一圈一圈地放进填料函，放时要求填料平整服贴，各圈切口要互相错开。填料环必须对准水封管口，否则将起不到水封作用。填料压盖压填料的松紧度要适当
叶轮的装配	叶轮是用键和叶轮螺母固定在轴上，装配时先将键放在轴的键槽中，再用木榔头敲打叶轮将它装在轴上，然后装止退垫圈，拧紧叶轮螺母，并将止退垫圈一边撬起来贴紧于叶轮螺母的侧面
泵体的装配	将泵体用螺栓与托架连接好，然后拧紧各螺母。拧螺母时，要上下、左右对称交替地逐步将各螺母拧紧，以防受力不均，引起漏水漏气或损坏零件。装完后，轻轻转动联轴器，如果泵轴转动轻快灵活，叶轮不擦密封环，泵就装配好了

2. S泵的装配

泵的装配，见表3-18。

S泵的装配 表3-18

装配顺序	装配内容
1	首先进行转子装配。在泵轴中间键槽内放上键,压上双吸叶轮,套上轴套。注意在叶轮与轴套之间要放密封纸垫,以防止空气漏入叶轮进口
2	拧上轴套螺母,套上填料套、水封环,装上填料压盖,再装轴承挡套及轴承端盖,放上纸垫,把滚动轴承装上,拧上定位轴承内圈的两个圆螺母,装好轴承体
3	最后将两个双吸密封环套在叶轮的两侧,整个转子就装配完毕
4	吊装转子前,先在泵体上铺一层青壳密封纸,并装上双头螺栓和四方螺栓。吊装时应注意对正位置,叶轮上的双吸密封环要正好嵌入泵体槽内,轴承体应放在泵体两端支架的止口上,将转子慢慢放下,盖上轴承体压盖,套上弹簧垫圈,拧紧螺母。然后用轴套螺母来调整叶轮的位置,使叶轮中心对准泵体中心,调整准确后,用钩子扳手拧紧轴套螺母。再装上填料及水封环
5	吊装泵盖;泵盖吊装就位后,在拧紧螺母时要前后、左右对称交替进行。最后装上填料压盖,其压紧程度要适当。在轴的联轴器一端放入键,顺着键压入联轴器
6	在泵盖上部,装好水封管及其他附件

3. 泵的试车与验收

(1) 试车的目的

泵经过大修后要进行试车,以检查泵各部分是否还存在缺陷,特别是检查泵工作能力是否合乎要求。试车时,如果发现问题,便能在投入运转以前,得到及时处理。泵经过大修,一定要保证质量,使泵能在高效率的条件下,安全运转到下一次大修。

(2) 试车前必须检查的事项

泵在试车前必须按表3-19所列进行检查。

泵试车前的检查 表3-19

序号	检查内容
1	各紧固连接部分不应松动
2	润滑油脂的规格、质量符合要求,润滑油系统不堵不漏
3	轴封渗漏符合要求
4	水泵的阀门、管道、仪表、引水、排水等附属系统符合要求
5	检查电机联轴器与水泵联轴器之间的间距及两轮缘上下允许偏差,应符合表3-20的规定
6	电气设备试验合格、电机保护装置动作可靠,电机经过空载试验,转向正确,空载运转良好
7	联接水泵与电机的联轴器,盘车应灵活、无轻重不均的感觉
8	作好泵启动前的准备工作(参见第二章第四节泵的运行及常见故障有关内容)

(3) 带负荷试验

泵经过检查合格后,应先进行空转试验,空转试验合格后,再进行带负荷试验,空转时间不能过长,应在3min之内。泵应在设计负荷下连续运转不应少于2h。

泵带负荷试验应符合表3-21的要求。

联轴器间距允许公差 (mm) 表 3-20

联轴器外径	间距	上下左右允许偏差
<300	3~4	<0.03
>300~500	4~6	<0.04
>500	6~8	<0.05

泵负荷试验要求 表 3-21

序号	试验要求
1	泵各部件应无杂音、摆动、剧烈振动或泄漏等不良情况;泵的振动烈度应符合要求
2	各连接紧固部分不应松动
3	填料的温升正常,每分钟泄漏量应为30~60滴为宜
4	滚动轴承的温度不应超过75℃,滑动轴承的温度不应超过70℃
5	机组运转时的压力、流量等参数符合要求,附属系统运转正常
6	泵运转后的各项检查符合要求(参见第二章第四节泵的运行及常见故障有关内容)

（4）验收要求

泵经带负荷试验合格后可正式办理验收手续。验收时应具备的资料,见表 3-22。

泵验收时的相关资料 表 3-22

序号	应移交的有关资料
1	泵检修前运转的实测数据:振动、噪声、温度、电流、电压、流量、压力(泵前与泵后)、清水池水位等,以便和检修后作出比较
2	水泵解体后各部件检查、测量记录(包括磨损量、缺陷等)
3	泵零部件修复或调换记录
4	各种试验记录:转子平衡试验、电气设备试验与定值整定、焊接试验等
5	主要材料和零部件的出厂合格证和检验记录
6	机组试运转中的记录:水泵轴与电机轴的同心度、电机空载运行记录、机组带负荷运行时的实测数据:振动、噪声、温度、电流、电压、流量、压力、清水池水位等,测试应尽量保持和解体前的测试相同情况,以便于对比

（5）水泵完好标准

1）泵进口处有效汽蚀余量应大于水泵规定的必需汽蚀余量;或进水水位不应低于规定的最低水位。

2）水泵应转动平稳,振动速度小于 2.8mm/s。

3）水泵应运转在高效区,水泵的实际运行效率应大于额定效率的88%。

4）水泵的噪声应小于 85dB (A)。

5）水泵的轴承温升不应超过 35℃,滚动轴承内极限温度不得超过 75℃,滑动轴承瓦温度不得超过 70℃。

6）填料室应有水滴出,速度宜为每分钟 30~60 滴。

7）水流通过轴承冷却箱的温升不应大于 10℃,进水水温不应超过 28℃。

8) 输送介质含有悬浮物质的泵的轴封水，应有单独的清水源，其压力应比泵的出口压力高 0.05MPa 以上。

9) 电机联轴器与水泵联轴器之间的间距及两轮缘上下左右偏差应符合要求（表 3-20）。

10) 轴承润滑油或润滑脂牌号正确，质量合格，无水分或杂质，润滑油加注应至正常油位，润滑脂加注必须适量，不能过多或过少。

11) 设备外观整洁，无油污、锈迹，铜铁分明，铭牌标识清楚。

12) 设备不漏油、不漏水、不漏电、不漏气。

第五节　泵的备品备件和润滑配备

1. 泵的备品备件

泵类设备运转台时很高，工作繁重，零部件磨损很大，备品备件工作显得尤为重要。为了应对设备的突发故障，泵站应配备表 3-23 所列部件。

泵的备品备件　　　　　　　　　　表 3-23

序号	名称	序号	名称
1	叶轮	5	滑动轴承衬瓦
2	轴套	6	主轴
3	填料	7	密封环
4	滚动轴承	8	机械密封

2. 润滑油、润滑脂的配备

（1）润滑油、润滑脂的分类

工业上用的润滑油种类很多，水泵滚动轴承主要用机械油润滑。机械油按国家标准有 10 个等级，水泵上一般只用两个等级（N_{32}、N_{46}）。

润滑脂俗称黄油，颜色从淡黄到深褐色，润滑脂种类很多，水泵上主要用钙基脂。钙基润滑脂不溶于水，可用于需进水的零件，但对温度很敏感，55～60℃以上时就不能长时间运转。钙基润滑脂分为 4 个牌号。

钠基润滑脂遇水即被溶解，故用于没有水的零件上，一般分为三个牌号，主要用于电动机的轴承上。

（2）水泵常用的润滑油、润滑脂的牌号

水泵泵轴上装的是滚动轴承，用钙基脂润滑；是滑动轴承用机械油润滑；是橡胶轴承用水润滑。水泵轴承用油具体牌号参照表 3-24 选择。

（3）油品的识别

油品的识别在现场主要依靠看、闻、摇、摸的办法测试。

看：看油品的颜色，颜色浅是馏出油和精制程度高的油品，颜色深是残渣油和精制程度不高的油品。

闻：闻油品的气味，油品的气味一般分汽油味、煤油味、柴油味、酸味、芳香味等。闻只能大概鉴别油品的类别，但无法区分牌号。

水泵轴承用油选择　　　　　　　　表 3-24

水泵种类	泵轴转速(r/min)			轴承种类
	2900	1450	980	
IS(B)型离心泵	3 号钙基脂	2 号钙基脂	—	滚动轴承
	N_{32} 机械油	N_{46} 机械油	—	滚动轴承带有润滑油槽
S(Sh)型离心泵	3 号钙基脂	2 号钙基脂	—	滚动轴承
	N_{32} 机械油	N_{46} 机械油	N_{68} 机械油	滑动轴承
D(DA)型离心泵	3 号钙基脂	2 号钙基脂	—	滚动轴承
	N_{32} 机械油	N_{46} 机械油		滑动轴承
JC(JD)型深井泵	3 号钙基脂	3 号钙基脂	—	上部是滚动轴承用脂润滑,下部是橡胶轴承用水润滑

摇：把油品装在无色玻璃瓶中摇动，按产生气泡的多少、上升的速度来判别油的标号。

摸：用手摸油脂的软硬程度和光滑感。精制好的油品光滑感强，精制不好的油品光滑感差，润滑脂软则标号小，硬则标号大。常用油品识别可参见表 3-25。

常用油品识别参考表　　　　　　　　表 3-25

种类	看	闻	摇	摸
汽油	浅黄色、浅红色、橙黄色	强烈汽油味	气泡随产生随消失	发涩、挥发快、有凉感
10 号机械油	黄色到棕色,有蓝色荧光		气泡多,消失较快,油稍挂瓶,不显色泽	
22 号、32 号、46 号机械油	黄褐色到棕色,有蓝色荧光,但不明显		气泡较多,消失较慢,油稍挂瓶,有黄色	
钙基脂	黄褐色,结构均匀的软膏			光滑,不拉丝,沾水捻不乳化
钠基脂	黄色到浅褐色,软膏状,结构松呈纤维状			不光滑、拉丝很长,有弹性,沾水捻乳化

第四章

电工基础

第一节　电工名词解释

1. 交流电和直流电

交流电：大小和方向随时间变化的电流、电压统称为"交流电"。简记为 AC。

直流电：电流流向始终不变。电流是由正极，经导线、负载，回到负极，通路中电流的方向始终不变。简记为 DC。

2. 三相交流电

三相交流电是三个单向交流电按一定方式进行的组合，这三个单向交流电最大值、频率相同，但在相位上差 120°，三个相分别称为 A 相、B 相、C 相，在电气设备上常用黄、绿、红来表示，三种颜色分别表示 A、B、C 相。

高压电：是指配电线路交流电压在 1000V 以上或直流电压在 1500V 以上的电接户线。根据《电工术语　发电、输电及配电通用术语》GB/T 2900.50—2008 中 2.1 基本术语中规定，高［电］压通常指高于 1000V（不含）的电压等级；特定情况下，指电力系统中输电的电压等级。

低压电：是指配电线路交流电压在 1000V 以下或直流电压在 1500V 以下的电接户线。

强电和弱电：

36V（人体安全电压）以上划定为强电，36V（人体安全电压）以下划定为弱电。

（1）交流频率不同

强电的频率一般是 50Hz，称"工频"，意即工业用电的频率；弱电的频率往往是高频或特高频，以 kHz（千赫）、MHz（兆赫）计。

（2）传输方式不同

强电以输电线路传输，弱电的传输有有线与无线之分。无线电则以电磁波传输。

（3）功率、电压及电流大小不同

强电功率以 kW（千瓦）、MW（兆瓦）计、电压以 V（伏）、kV（千伏）计，电流以 A（安）、kA（千安）计；弱电功率以 W（瓦）、mW（毫瓦）计，电压以 V（伏）、mV

（毫伏）计，电流以 mA（毫安）、μA（微安）计，因而其电路可以用印刷电路或集成电路构成。

3. 有功功率

有功功率是保持用电设备正常运行所需的电功率，也就是将电能转换为其他形式能量（机械能、光能、热能）的电功率。比如：5.5kW 的电动机就是把 5.5kW 的电能转换为机械能；各种照明设备将电能转换为光能。有功功率的符号用 P 表示，单位有瓦（W）、千瓦（kW）、兆瓦（MW）。

4. 无功功率

无功功率比较抽象，它是用于电路内电场与磁场的交换，并用来在电气设备中建立和维持磁场的电功率。它不对外作功，而是转变为其他形式的能量。凡是有电磁线圈的电气设备，要建立磁场，就要消耗无功功率。由于它不对外做功，才被称之为"无功"。无功功率的符号用 Q 表示，单位为乏（Var）或千乏（kVar）。无功功率绝不是无用功率，它的用处很大。电动机需要建立和维持旋转磁场，使转子转动，从而带动机械运动，电动机的转子磁场就是靠从电源取得无功功率建立的。变压器也同样需要无功功率，才能使变压器的一次线圈产生磁场，在二次线圈感应出电压。因此，没有无功功率，电动机就不会转动，变压器也不能变压，交流接触器不会吸合。

5. 功率因数

在交流电路中，电压与电流之间的相位差（Φ）的余弦叫做功率因数，用符号 $\cos\Phi$ 表示，在数值上，功率因数是有功功率和视在功率的比值，即 $\cos\Phi = P/S$。功率因数的大小与电路的负荷性质有关，如白炽灯泡、电阻炉等电阻负荷的功率因数为 1，一般具有电感性负载的电路功率因数都小于 1。功率因数是电力系统的一个重要的技术数据。功率因数是衡量电气设备效率高低的一个系数。功率因数低，说明电路用于交变磁场转换的无功功率大，从而降低了设备的利用率，增加了线路供电损失。

6. 视在功率

交流电源所能提供的总功率，称之为视在功率或表现功率，在数值上是交流电路中电压与电流的乘积。视在功率用 S 表示。单位为伏安（VA）或千伏安（kVA）。它通常用来表示交流电源设备（如变压器）的容量大小。

7. 相电压与线电压

对于交流电来说，相电压就是任一相线（火线）与零线之间的电压，也就是 220V。任意两根相线之间的电压，称为线电压，为 380V。

三相交流电有三个相电压：三者电压、频率相同、相互之间的相位相差120°。

三相交流电有三个相电压，所以也就有三个线电压：三个线电压的电压、频率相同，相互间的相位相差120°。

8. 三相负载，星型、三角形接法

相电压与线电压，相电流与线电流之间的关系，三相总功率。

当负载星型（Y）连接时：$U_{线} = \sqrt{3} U_{相}$　　$I_{线} = I_{相}$

当负载三角形（△）连接时：$U_{线} = U_{相}$　　　$I_{线} = \sqrt{3} I_{相}$

"Y"三相总功率 $= \sqrt{3} U_{线} I_{线} \cos\Phi$

"△"三相总功率＝$\sqrt{3}U_{线}I_{线}\cos\Phi$

"Y"——星形连接；　"△"——三角形连接；$\cos\Phi$——功率因数；U——电压；I——电流。

9. 星形连接和三角形连接

星形接法指将电机绕组三相末端接在一起，三相首端为电源端。

优点：提高电机功率。缺点：启动电流大，绕组承受电压（380V）大。增大了绝缘等级。

三角形接法指将三相绕组首尾互相连接，三个端点为电源端。

优点：降低绕组承受电压（220V），降低绝缘等级。降低了启动电流。缺点：电机功率减小。所以，小功率电机 4kW 以下的大部分采用星形接法。大于 4kW 的采用三角形接法。

无论哪种接法，都必须要有三相相位互差 120°的三相正弦交流电源供电，不可用 220V 代替。

10. 短路及熔断丝

电源两端被接近于零的导体接通，这种情况叫电源短路。

由于短路电流数值极大，对电气设备危害也大，把熔断丝（保险丝）串接在电路中，发生短路时，能迅速熔断，起到保护设备作用。

11. 低压电路熔丝的选择

（1）保护照明电路，熔丝额定电流应等于或略大于电路的最大工作电流。

（2）保护单台电动机电路，对于直接启动单台电动机熔丝的额定电流可按 1.5～2.5 倍电动机额定电流来选择。

12. 电度表的倍率

电能表是用来测量电能的仪表，又称电度表、火表、千瓦小时表，指测量各种电学量的仪表。

电度表的倍率一般是指电度表所匹配的互感器的倍率，也称为变比、变流（压）比、电流（压）比，就是缩小的比例。实际的用电量等于电能表的表值乘以倍率。

电度表的倍率＝$CT_{比}\times PT_{比}$

CT——电流互感器；PT——电压互感器。

13. 电流互感器

因在测量较大的电流时，不便直接串联测量（小电流 30～50A 以下可直接串入电流表），所以采用电流互感器。通过互感器把强大电流按一定比例转变为容易测量的小电流供电表测量，用 CT 表示。

14. 电压互感器

电压互感器的作用是把高电压按比例关系变换成 100V 或更低等级的标准二次电压，供保护、计量、仪表装置取用。用 PT 表示。

同时，使用电压互感器可以将高电压与电气工作人员隔离。电压互感器虽然也是按照电磁感应原理工作的设备，但它的电磁结构关系与电流互感器相比正好相反。

15. 电流互感器与电压互感器的区别

电压互感器和电流互感器在作用原理上主要区别是正常运行时工作状态很不相同，表现为：

（1）电流互感器二次可以短路，但不得开路；电压互感器二次可以开路，但不得短路。

（2）相对于二次侧的负荷来说，电压互感器的一次内阻抗较小以至可以忽略，可以认为电压互感器是一个电压源；而电流互感器的一次却内阻很大，以至可以认为是一个内阻无穷大的电流源。

（3）电压互感器正常工作时的磁通密度接近饱和值，故障时磁通密度下降；电流互感器正常工作时磁通密度很低，而短路时由于一次侧短路电流变得很大，使磁通密度大大增加，有时甚至远远超过饱和值。

第二节　基本定律及计算公式

1. 欧姆定律（包括：全电路欧姆定律）

定义：在同一电路中，导体中的电流跟导体两端的电压成正比，跟导体的电阻成反比。

公式：

标准式：$I=U/R$　　变式：$U=I×R$、$R=U/I$

欧姆定律适用于纯电阻电路，金属导电和电解液导电，在气体导电和半导体元件等中欧姆定律将不适用。

全电路欧姆定律即闭合电路欧姆定律：

闭合电路的电流跟电源的电动势成正比，跟内、外电路的电阻之和成反比。

公式：$I=E/(R+r)$

变式：$E=I(R+r)$、$E=U_外+U_内$、$U_外=E-Ir$

I 表示电路中电流；U 表示电压；E 表示电动势；R 表示电阻；r 表示电池内阻。

2. 串并联电路

（1）串联电路

定义：用电器首尾依次连接在电路中。

特点：电路只有一条路径，任何一处开路都会出现开路。

故障排除方法之一：用一根导线逐个跨接开关、用电器，如果电路形成通路，就说明被短接的那部分接触不良或损坏。**千万注意：绝对不可用导线将电源短路。**

串联电路的特点：

1）电流只有一条通路。

2）开关控制整个电路的通断。

3）各用电器之间相互影响。

4）串联电路电流处处相等：$I_总=I_1=I_2=I_3=\cdots=I_n$

5）串联电路总电压等于各处电压之和：

$U_原=U_1+U_2+U_3+\cdots+U_n$

6）串联电阻的等效电阻等于各电阻之和：

$R_总=R_1+R_2+R_3+\cdots+R_n$

7）串联电路总功率等于各功率之和：

$P_{总}=P_1+P_2+P_3+\cdots+P_n$［推导式：$P_1P_2/(P_1+P_2)$］

8）串联电容器的等效电容量的倒数等于各个电容器的电容量的倒数之和：$1/C_{总}=1/C_1+1/C_2+\cdots+1/C_n$

9）串联电路（串联电路又名分压电路）中，除电流处处相等以外，其余各物理量之间均成正比（电流做的功指在通电相同时间内的大小）：

$R_1:R_2=U_1:U_2=P_1:P_2=W_1:W_2=Q_1:Q_2$。

10）开关在任何位置控制整个电路，即其作用与所在的位置无关。电流只有一条通路，经过一盏灯的电流一定经过另一盏灯。如果熄灭一盏灯，另一盏灯一定熄灭。

11）在一个电路中，若想控制所有电路，即可使用串联的电路。

12）串联电路中，只要有某一处断开，整个电路就成为断路。即所有串联的电子元件不能正常工作。

（2）并联电路

定义：是使在构成并联的电路元件间电流有一条以上的相互独立通路，为电路组成两种基本的方式之一。（例如，一个包含两个电灯泡和一个 9V 电池的简单电路。若两个电灯泡分别由两组导线分开连接到电池，则两灯泡为并联。）

特点：电路有多条路径，每一条电路之间互相独立，有一个电路元件开路，其他支路照常工作。

并联电路的特点：

1）并联电路中各支路的电压都相等，并且等于电源电压：

$U=U_1=U_2$

2）并联电路中的干路电流（或说总电流）等于各支路电流之和：

$I=I_1+I_2$

3）并联电路中的总电阻的倒数等于各支路电阻的倒数和：

$1/R=1/R_1+1/R_2$　　或写为：$R=R_1\times R_2/(R_1+R_2)$

即：$1/R=1/R_1+1/R_2+1/R_3+\cdots+1/R_n$

4）并联电路中的各支路电流之比等于各支路电阻的反比：

$I_1/I_2=R_2/R_1$

5）并联电路中各支路的功率之比等于各支路电阻平方的反比：$P_1/P_2=R_2^2/R_1^2$

6）并联电路增加用电器相当于增加电阻的横截面积。

串联的优点：在电路中，若想控制所有电器，即可使用串联的电路。

串联的缺点：若电路中有一个用电器坏了，意味着整个电路都断了。

并联的优点：一个用电器可独立完成工作，一个用电器坏了，不影响其他用电器。适合于在马路两边的路灯。

并联的缺点：并联电路中，各处电流加起来等于总电流，由此可见，并联电路中电流消耗大。

（3）串并联电路的相同点

1）不论是串联电路还是并联电路，电路消耗的总电能等于各用电器消耗的电能之和：

$W=W_1+W_2$

2）不论是串联电路还是并联电路，电路的总电功率等于各个电器消耗电功率之和：

$P=P_1+P_2$

3）不论是串联电路还是并联电路电路产生的总电热等于各种用电器产生电热之和：

$Q=Q_1+Q_2$

3. 电磁感应定律

因磁通量变化产生感应电动势的现象，闭合电路的一部分导体在磁场里做切割磁感线的运动时，导体中就会产生电流，这种现象叫电磁感应现象。

公式：$E=-n\cdot\Delta\Phi/\Delta t$（普适公式）

E——感应电动势（V）；n——感应线圈匝数；$\Delta\Phi$——磁通量的变化量；Δt——发生变化所用时间。

4. 楞次定律

定义：感应电流具有这样的方向，即感应电流的磁场总要阻碍引起感应电流的磁通量的变化。楞次定律是一条电磁学的定律，从电磁感应得出感应电动势的方向。其可确定由电磁感应而产生电动势的方向。楞次定律还可表述为：感应电流的效果总是阻碍引起感应电流的原因。

5. 左手定则

左手平展，使大拇指与其余四指垂直，并且都跟手掌在一个平面内。

把左手放入磁场中，让磁感线垂直穿入手心，手心面向 N 极，四指指向电流所指方向，则大拇指的方向就是导体受力的方向。

6. 右手定则

右手平展，使大拇指与其余四指垂直，并且都跟手掌在一个平面内。

把右手放入磁场中，让磁感线垂直穿入手心，手心面向 N 极，大拇指指向导线运动方向，则四指所指方向为导线中感应电流（动生电动势）的方向。

7. 安培定则

安培定则（即右手螺旋定则）：用右手握螺线管，让四指弯向螺线管中电流方向，大拇指所指的那端就是螺线管的 N 极。

8. 金属电阻率公式

金属电阻率是用来表示金属电阻特性的物理量。某种金属所制成的原件（常温下20℃）的电阻与横截面积的乘积与长度的比值叫做这种金属的电阻率。金属电阻率与导体的长度、横截面积等因素无关，是金属材料本身的电学性质，由金属材料决定，且与温度有关。

在温度一定的情况下，有公式：$R=pl/S$

其中的 p 就是电阻率，l 为金属的长度，S 为面积。可以看出，材料的电阻大小正比于材料的长度，而反比于其面积。

9. 焦耳定律

电流通过导体产生的热量跟电流的二次方成正比，跟导体的电阻成正比，跟通电的时间成正比。

公式：$Q=I^2Rt$

10. 基尔霍夫定律

第一定律叫结点方程：在任一瞬时，流向某一结点的电流之和恒等于由该结点流出的电流之和。

第二定律称为回路方程：在任一瞬间，沿电路中的任一回路绕行一周，在该回路上电动势之和恒等于各电阻上的电压降之和。

11. 等效电源定理

等效电压源定理（戴维南定理）：任何一个线性有源二端网络 N，就其两个端钮 a、b 来看，总可以用一个电压源—串联电阻支路来代替。电压源的电压等于该网络 N 的开路电压 U_0，其串联电阻 R_0 等于该网络中所有独立源为零值时（恒压源短路，恒流源开路）所得网络 N_0 的等效电阻 R_{ab}。

由 U_0 和 R_0 串联而成的等效电压源称为戴维南等效电路，其中的串联电阻，在电子电路中常称为输出电阻，故用 R_0 表示。

等效电流源定理（诺顿定理）：任何一个线性有源二端网络，对其负载来说，都可等效为一个恒流源 I_s 和电阻 R_s 并联的电路。I_s 等于有源二端网络的短路电流，并联电阻 R_s 为该网络中所有的独立源置零时，以二端钮处看该网络的等效电阻。

诺顿定理只适用于线性电路；诺顿定理仅对外电路—负载等效，即计算负载中的电压、电流及功率是等效的。同样，诺顿定理也只适用于局部电路的计算。当需要计算电路中多处电流、电压时，还是应用网孔电流法和节点电压法分析计算更为方便。

12. 叠加原理

叠加原理，是线性电路的一种重要分析方法，它的内容是：由多个线性电阻和多个电源组成的线性电路中，任何一个支路中的电流（或电压）等于各个电源单独作用时在此支路中所产生的电流（或电压）的代数和。

第三节　常用电气设备图形符号

常用电气设备图形符号（一）　　　　　　　　　　表 4-1

名称	符号	图形	名称	符号	图形
电流表	PA	Ⓐ	无功功率表	PR	(Var)
电压表	PV	Ⓥ	无功电流表	PAR	(A Isinφ)
有功电度表	PJ	Wh	相位表	PPA	(·)
无功电度表	PJR	varh	声信号	HA	⌒
频率表	PF	(Hz)	光信号	HS	⊗
最大需量表	PM	(W Pmax)	接地	E	⏚
功率因数表	PPF	(cosφ)	保护接地	PE	⏚
有功功率表	PW	Ⓦ	无噪声接地	TE	⏚

名称	符号	图形	名称	符号	图形
机壳或机架	MM		交流	AC	
连接片	XB		直流	DC	
插头	XP		变频器	UF	
插座	XS		逆变器	UI	
端子板	XT	11 12 13 14 15	整流器	U	
电线,电缆,母线	W		电动机	M	
直流母线	WB		异步电动机	MA	
电位器	RP		直流电动机	MD	
滑触线	WT		交流电动机	M	
信号小母线	WS		同步电动机	MS	
控制小母线	WC		启动按钮	SB	
事故照明小母线	WELM		停止按钮	SBS	
蓄电池	GB		复合按钮	SB	
防雷器	F		接近开关	SQP	
熔断器	FU		中间继电器	KA	
跌落式熔断器	FF		常开触点	KM	
电容器	C		常闭触点		
电阻器,变阻器	R				
可变电阻器	RA		电压继电器	KV	
热敏电阻	RT		压敏电阻	RPS	
光敏电阻	RL		电流继电器	KA	
滑变电阻	RA		通电延时继电器	KT	
变压器	T		断电延时继电器	KT	

常用电气设备图形符号（二）   表 4-2

名称	符号	名称	符号	名称	符号
插接式母线	WIB	鼠笼型电动机	MC	压力控制开关	SP
电力分支线	WP	电磁阀	YV	速度控制开关	SS
照明分支线	WL	排烟阀	YS	温度控制开关	ST
应急照明分支线	WE	跳闸线圈	YT	辅助开关	ST
电力干线	WPM	气动执行器	YPA,YA	电压表切换开关	SV
照明干线	WLM	发热器件(电加热)	FH	有源整流器	VC
事故音响小母线	WFS	空气调节器	EV	变流器	UC
电压小母线	WV	感应线圈,电抗器	L	放电电阻	RD
闪光小母线	WF	消弧线圈	LA	频敏变阻器	RF
预告音响小母线	WPS	指示灯	HL	光电池,热电传感器	B
快速熔断器	FTF	红色灯	HR	温度变换器	BT
限压保护器件	FV	绿色灯	HG	励磁线圈	LF
正转按钮	SBF	黄色灯	HY	滤波电容器	LL
时间控制开关	SK	蓝色灯	HB	接地电阻	RG
反转按钮	SBR	白色灯	HW	启动变阻器	RS
紧急按钮	SBE	电流表切换开关	SA	限流电阻器	RC
复位按钮	SR	手动控制开关	SH	压力变换器	BP
试验按钮	SBT	液位控制开关	SL	速度变换器	BV
电力电容器	CE	湿度控制开关	SM	液位测量传感器	BL
可控硅整流器	UR	限位开关	SQ	时间测量传感器	BT1,BK
绕线转子感应电动机	MW	电磁锁	YL	照明灯(发光器件)	EL
电动阀	YM	合闸线圈	YC	电加热器加热元件	EE
防火阀	YF	电动执行器	YE	温度测量传感器	BH,BM

第四节　常用电工工具及材料

1. 电工常用的工具：

电工常用的工具有：试电笔、电工刀、螺丝刀、钳子、活络扳手、电工工具套和电工包、万用表。

（1）试电笔：试电笔又称电笔，常用的试电笔有改锥式和钢笔式两种，其结构主要由氖管、电阻、弹簧和笔身等部分组成。试电笔是用来测试低压电气设备的导电部分或外壳是否带电的工具，使用试电笔时用手指握住笔身，注意使尾部的金属体接触皮肤，但不能触及笔尖或旋凿金属杆，以免触电，同时，要使氖管小窗背光并朝向自己。（见图 4-1）

图 4-1　试电笔

（2）电工刀：电工刀是用来剖削或切割电工器材的常用工具，在使用电工刀时，应将刀口朝外进行操作，使用完毕要随即把刀身折入刀柄内，以免刀刃受损或割破皮肤。（见图4-2）

（3）螺丝刀：螺丝刀又称起子、改锥或旋凿，是维修电工的常用工具。根据螺栓的不同，螺丝刀有不同规格和形式。在使用小螺丝刀时，一般用拇指和中指夹持螺丝刀柄，食指顶住柄端；使用大螺丝刀时，除拇指、食指和中指用力夹住螺丝刀柄外，手掌还应顶住柄端。注意：在操作时，要避免触及螺丝刀的金属杆，通常在金属杆上加装一段绝缘套管，以避免触电或引起短路。还要注意的是，电工不能使用空心螺丝刀（穿心螺丝刀），以免发生触电事故。（见图4-3）

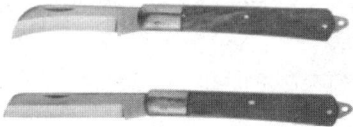

图 4-2　电工刀

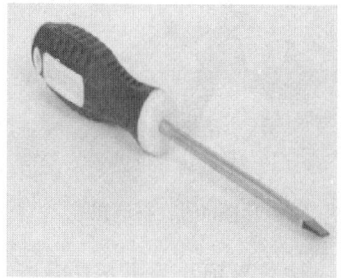

图 4-3　螺丝刀

（4）钳子：钳子的种类很多，电工常用的有钢丝钳、尖嘴钳、斜口钳、剥线钳、压线钳等。

1）钢丝钳：钢丝钳又称平口钳、老虎钳，是用来夹持和剪切金属导线等电工器材的工具。钢丝钳的规格有150mm、175mm和200mm等几种。在使用时，通常选用175mm或200mm带绝缘柄的钢丝钳，此外，在平时使用过程中，钢丝钳不能作为敲打工具。（见图4-4）

2）尖嘴钳：尖嘴钳是用来夹持小螺栓、小零件、电子元器件引线的工具。带有刃口的尖嘴钳还可以用来剪切金属导线，尖嘴钳的规格有125mm、140mm、160mm、180mm、200mm五种，电工应选用带绝缘柄的尖嘴钳。（见图4-5）

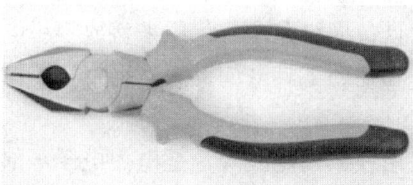

图 4-4　钢丝钳

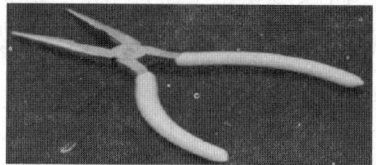

图 4-5　尖嘴钳

3）斜口钳：斜口钳用于剪断较粗的导线和其他金属丝，还可直接剪断低压带电导线。在工作场所比较狭窄的地方和设备内部，用以剪切薄金属片、细金属丝或剖切导线绝缘层。斜口钳的规格有125mm、140mm、160mm、180mm、200mm五种。（见图4-6）

4）剥线钳：剥线钳由刀口、压线口和钳柄组成，是内线电工和电动机修理、仪器仪表电工常用的工具之一。剥线钳的钳柄上套有额定工作电压500V的绝缘套管，适用于塑料、橡胶绝缘电线、电缆芯线的剥皮。（见图4-7）

剥线钳的性能标准：①钳头能灵活地开合，并在弹簧的作用下开合自如。②刃口在闭合状态下，其刃口间隙不大于 0.3mm。③剥线钳钳口硬度不低于 HRA56 或不低于 HRC30。④剥线钳能顺利剥离线芯直径为 0.5～2.5mm 导线外部的塑料或橡胶绝缘层。⑤剥线钳的钳柄有足够的抗弯强度，可调式端面剥线钳在承受 20N·m 载荷试验后，其钳柄的永久变形量不大于 1mm。

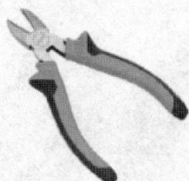

图 4-6　斜口钳

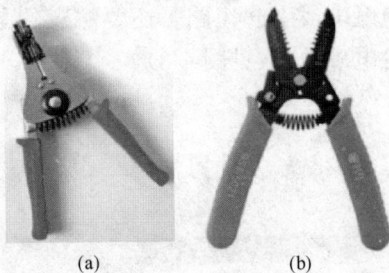

(a)　　　　　　　　(b)

图 4-7　剥线钳

注意事项：为了不伤及断片周围的人和物，应确认断片飞溅方向再进行切断。

图 4-8　压线钳

5）压线钳：压线钳是导线接头制作的专用工具，使导线连接更方便、更安全、更美观。

压线钳的使用：①选择与导线线径相匹配的压接端子。②将导线一端剥去绝缘层露出导线。③将剥出的导线放入压接端子的导线压接端，放入压线钳相应的压线槽口中，按压压线钳手柄直到钳口松开。④取出压好的导线，去除多余的毛刺，检查压接是否牢固。（见图 4-8）

（5）活络扳手：活络扳手是用来旋紧或起松六角螺栓的工具。常用的活络扳手有 200mm、250mm、300mm 三种规格，在使用时要根据螺母大小进行选择。（见图 4-9）

（6）电工工具套和电工包：电工工具套和电工包是维修电工随身携带的用于放置常用工具或零星电工器材及辅助工具的用具，电工工具套可用皮带系结在腰间，置于右臀部，常用工具插入电工工具套里，便于随手取用。电工工具包横跨在左侧，用来盛放零星电工器材（如开关、灯头、木螺栓、保险栓、黑胶布等）和辅助工具（如榔头、钢锯）以便外出使用。

（7）万用表：万用表又称为复用表、多用表、三用表、繁用表等，是电力电子等部门不可缺少的测量仪器，一般以测量电压、电流和电阻为主要目的。万用表按显示方式分为指针万用表和数字万用表，是一种多功能、多量程的测量仪表。一般万用表可测量直流电流、直流电压、交流电流、交流电压、电阻和音频电平等，有的还可以测电容量、电感量及半导体的一些参数（如 β）等。（见图 4-10）

2. 电工常用的材料：

电工常用的材料有：导电材料、导磁材料、绝缘材料。

（1）导电材料：目前最常用的导电材料是铜和铝。按导电材料制作线材和使用特点分，导线有裸线、绝缘电线、电磁线、通信电缆。

1）裸线：其特点是只有导电部分，没有绝缘层和保护层，按其形状和结构分，裸线有圆单线、软接线和裸胶线三种。单圆线用于各种电线、电缆导电线芯。软接线和裸胶线主要用于电气设备的连接。（见图4-11）

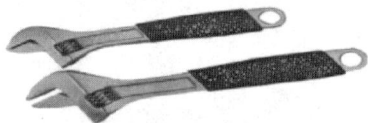
图 4-9　活络扳手

图 4-10　万用表

图 4-11　裸线

图 4-12　绝缘电线

2）绝缘电线：其由导电线芯、绝缘层、保护层构成。按线芯使用要求，可分为硬型、软型、特软型和移动型四种。其主要用于各种电缆、控制信号电缆、照明布线和安装连接布线等。（见图4-12）

3）电磁线：它是一种涂有绝缘漆或包缠纤维的导线，主要用于电动机、电器及电工仪表中，作为绕组或仪表线圈、变压器线圈。（见图4-13）

4）通信电缆：其包括电信系统的各种电缆、电话线和广播线。（见图4-14）

图 4-13　电磁线

图 4-14　通信电缆

图 4-15　导磁材料

（2）导磁材料：导磁材料按其特性不同，分为软磁材料和硬磁材料。1）软磁材料：软磁材料一般指电工用纯铁、硅钢板等，主要用于变压器、扼流线圈、继电器和电动机中作铁芯导磁体。2）硬磁材料：其特点是在磁场作用下达到磁饱和状态后，即使去掉磁场还能较长时间地保持强而稳定的磁性，其主要用来制造永磁电动机的磁极铁芯、磁电系仪表的磁钢等。（见图4-15）

（3）绝缘材料：电阻率大于1000MΩ·cm的物质材料叫绝缘材料。其主要用于电气设备的绝缘或绝缘处理，电气线路中常用的绝缘材料和制品有绝缘子、瓷管、绝缘板、绝缘纸、绝缘套管和绝缘胶带等。（见图4-16）

(a)

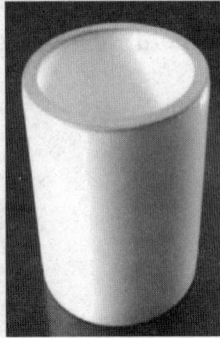
(b)

(c)

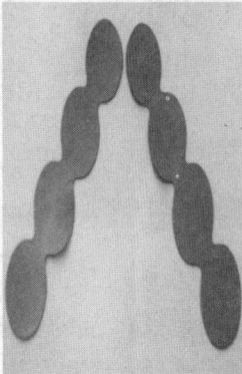
(d)

(e)

(f)

图 4-16　绝缘材料

第五节　用 电 安 全

1. 基础知识：

（1）安全电流：

经科学试验结果，人体在电流作用下表现的特征，确定 50～60Hz 的交流电 10mA 和直流电 50mA 为人体的安全电流。

（2）安全电压：

安全电压一般有 36V、24V、12V 三种，对于潮湿阴暗以及需接触大面积金属表面的环境中必需采用 12V 安全电压，其余一般采用 36V 安全电压。

（3）保护接地：

为了防止因绝缘损坏而遭受触电的危险，将与电气设备带电部分相绝缘的金属外壳同接地极间作电气连接。如发电机、电动机、变压器等电气外壳接地。

（4）接触电压：

人站在发生接地故障设备旁边，这时人手触及设备外壳，手与脚两点间的电位差叫接触电压。

（5）跨步电压：

人在接地故障电位分布范围内行走，其两脚间（跨距 0.8m）所承受的电位差叫跨步电压。

（6）工作接地和保护接地：

工作接地：在正常或事故情况下，为了保证电气设备可靠运行而在电力系统中某一点进行接地，例如电源（发电机或变压器）的中性点直接（或经消弧线圈）接地，能维持非故障相对地电压不变，电压互感器一次侧线圈的中性点接地，能保证一次系统中相对低电压测量的准确度，防雷设备的接地是为雷击时对地泄放雷电流。

保护接地：将在故障情况下可能呈现危险的对地电压的设备外露可导电部分进行接地称为保护接地。电气设备上与带电部分相绝缘的金属外壳，通常因绝缘损坏或其他原因而导致意外带电，容易造成人身触电事故。为保障人身安全，避免或减小事故的危害性，电气工程中常采用保护接地。

（7）保护接零，三相四线制中为什么要采用保护接零：

将与带电部分绝缘的电气设备的金属外壳与中性点直接与接地系统中的零线相接。

当电气设备发生碰壳短路时，经零线成为闭合回路。接零后，碰壳短路变成单相导体间的短路，而短路电流很大，能使保护设备（如保险丝或自动开关）可靠迅速动作，切断电源，断开故障设备。

（8）影响人体触电的因素：

1）电压；2）人体的电阻；3）通过人体的电流；4）频率；5）电流；6）流通的途径；7）人的体质。

（9）触电形式及触电原因：

触电的形式：1）单相触电；2）两相触电；3）跨步电压触电；4）接触电压触电。

触电的原因：

1）电气设备安装不合格，维修不及时。

2）电气设备受潮或绝缘受到损坏。

3）电气设备布线不合理。

4）工作不注意安全，违反安全用电规定。

5）普及安全用电常识不够。

（10）变（配）电所应配备的标示牌：

1）禁止合闸，线路有人工作；2）禁止攀登，高压危险；3）止步，高压危险；4）从此上下；5）在此工作；6）已接地。

（11）变（配）电所应配备的安全用具：

1）绝缘棒（试验周期一年）；2）橡皮绝缘垫（试验周期一年）；3）绝缘手套（试验周期半年）；4）验电笔（试验周期半年）；5）绝缘靴（试验周期半年）。

2. 安全运行：

（1）验电三步骤：

1）将合格验电器先在有电设备上验明指示正常。

2）将合格验电器在停电设备两侧逐相验明确实无电。

3）再将合格验电器在有电设备上验明指示正常。

（2）倒闸操作的"六要十二步"：

"六要"：

1）要有考试合格证，并经批准的操作人和监护人。

2）现场一、二次设备要有明显的标识，包括命名、编号、铭牌、转动方向、切换位置的指示及区别电气相色的色漆。

3）要有与现场设备标识和运行方式符合的一次系统模拟图，变电操作还应有二次回路原理和展开图。

4）除故障处理外，操作还应有确切的调度命令和合格操作票。

5）要有统一的确切的操作术语。

6）要有合格的操作工具，安全用具和设备。

"十二步"：

1）调度预发命令时预先接受操作任务。

2）操作人查对图板填写操作票。

3）审票人审票，发现错误应要求操作人重新填写。

4）监护人与操作人相互考问和预想。

5）调度正式发布操作命令。

6）监护人逐项唱票。

7）操作人复诵并核对设备号和状态。

8）操作人操作，由监护人勾票。

9）检查设备，并使系统模拟图与设备状态一致。

10）向调度汇报操作任务完成。

11）做好记录，签销操作票。

12）复查评价，总结经验。

（3）保护安全的组织措施：

1）工作票制度；2）工作许可制度；3）工作监护制度；4）工作间断制度；5）工作总结和恢复送电制度。

（4）保护安全的技术措施：

1）停电；2）验电；3）挂接地线；4）悬挂标识牌和装设遮拦。

3. 急救抢险知识：

（1）触电紧急抢救：

触电抢救要点是抢救迅速、抢救得法，具体方法：

1）迅速脱离电源；2）现场急救：①人工呼吸法，②心脏按压法；3）救护同时通知医生前来抢救。

（2）当电气设备着火时应怎样进行灭火，对着火的带电设备应用什么灭火器材：

电气设备火灾特点：着火后的电气装置可能仍然带电，在一定范围内存在接触电压和跨步电压触电的危险。灭火不注意或采取不适当措施会引起触电伤亡事故，如果是充油电气设备，像变压器、油开关、电容器等受热后有可能喷油，甚至爆炸，造成火灾蔓延，危及救火人员安全的，在救火前必须切断电源，应使用不导电灭火剂，如 CO_2（二氧化碳）、化学干粉等，充油设备着火后，应立即切断电源，然后用泡沫灭火剂灭火，对地面上的漂油可用干粉防止蔓延。

第五章

水厂供电及主要设备维护

第一节　常见供电方式

自来水厂常见的供电模式为 10kV 高压和 380V 低压两种等级。一般高压用于送水泵房的送水泵供电，低压用于水厂其他设备供电。

1. 水厂进线布置：

为保证水厂供电的安全，一般水厂会采用两路进线的方式为水厂供电。其中一路为专用线路，另一路为备用线路。当专用线路发生故障或检修维护时可以提前切换到备用线路供电。

2. 高压配电柜：

高压配电柜分布顺序一般为进线隔离柜、进线柜、计量柜、压变防雷柜、变压器柜、分段柜、联络柜、变压器柜、压变防雷柜、计量柜、进线柜、进线隔离柜。

注：对于架空线进线方式的变电所隔离闸刀取代进线隔离柜。

（1）进线隔离柜的作用：将外部电源与内部电源用机械方式进行隔离，柜内没有高压断路器，断电时将小车从柜内拉出，造成一个明显的断开点。

（2）进线柜的作用：将外部电源引入为水厂送电，柜内有高压断路器，投入时将小车送入柜内合上断路器才能进行供电。

（3）计量柜的作用：对水厂使用的电能进行计量，柜内没有高压断路器，小车一般处于热备用状态。

（4）压变防雷柜的作用：将高电压转换成可测量的低电压供指示表记测量。

（5）变压器柜的作用：将高压电输送到电力变压器，控制变压器的投入与退出。柜内有高压断路器，遇有故障或紧急情况时可切断负荷。

（6）分段和联络柜的作用：将两段母线分隔开，通过操作分段和联络柜可以将一段的电源输送到二段，也可以将二段的电源输送到一段。分段柜中有高压断路器，联络柜中没有高压断路器。

3. 低压配电柜分布顺序一般为进线柜、电容器柜、配电柜、联络柜等。

第二节　变压器运行维护

1. 变压器

变压器是利用电磁感应的原理来改变交流电压的装置，主要构件是初级线圈、次级线圈和铁芯（磁芯）。（见图 5-1）

变压器的主要功能有电压变换、电流变换、阻抗变换、隔离、稳压（磁饱和变压器）等。变压器按用途可以分为电力变压器和特殊变压器（电炉变压器、整流变压器、工频试验变压器、调压器、矿用变压器、音频变压器、中频变压器、高频变压器、冲击变压器、仪用变压器、电子变压器、电抗器、互感器等）。

变压器按相数分可分为单相变压器和三相变压器，其中单相变压器用于单相负荷和三相变压器组。三相变压器用于三相系统的升、降电压。按冷却方式可分为干式变压器和油浸式变压器。油浸式变压器依靠油作冷却介质，如油浸自冷、油浸风冷、油浸水冷、强迫油循环等。干式变压器依靠空气对流进行自然冷却或增加风机冷却，多用于高层建筑、高速收费站点用电及局部照明、电子线路等小容量变压器。

图 5-1　变压器

2. 变压器维护保养的目的

变压器的维护保养是电工操作人员及电工修理人员为了保持变压器正常技术状态，延长使用寿命所必须进行的日常工作。变压器的维护保养是电气设备管理中的重要内容。如果维护保养工作做得到位，不但可以降低设备故障率、节约维修费用、降低成本，同时还可以给公司和员工带来良好的经济效益。

3. 变压器维护保养必备的条件

做好变压器正常运行的维护工作，首先要有一定的技术条件，如果现实情况尚不具备这些条件，电工应懂得照这些要求去创造条件。必要的技术条件有以下八条：

（1）变压器本身应试验合格，且不漏油、渗油。

（2）变压器应配套齐全，至少要有高压跌落式熔断器和阀型防雷器。熔断器的性能（主要指其额定电流、极限熔断电流、灵敏度、选择性等）要符合要求。

（3）变压器外壳应遵照规程装设保护接地装置。

（4）变压器上应设有测量温度用的孔座，以便插入水银温度表测量温度。

（5）变压器上应有铭牌，其上应注明线卷接线图和接线组别（或极性）；此外，还应有标明引出线相别和位置的顶盖图，或在引出线套管附近注明与线卷接线图相一致的相别符号。

（6）每台变压器应有自己的技术档案与卡片。

（7）100kVA 及以上的变压器，应装设油枕和玻璃油位表。油位表上应画有注明温度的三条监视线，分别标明使用地点环境温度最高、正常和最低时应有的变压器油面位置。

（8）变压器周围环境应清洁整齐，落地装置的变压器应有围栅（占地约 $16m^2$），围栅内不得有杂草、树木、农作物等。

4. 变压器的维护保养内容

变压器在运行中操作人员应认真做好以下维护和检查的项目，并对检查结果中的异常现象作出分析，及时采取对策，或者及时向上级部门报告，组织分析论证，采取措施，以免发生事故。

（1）对变压器的检查：

1）运行中的变压器应根据控制柜上的仪表监视变压器的运行，并每小时抄表 1 次。如变压器在过负荷下运行，则至少每半小时抄表 1 次。变压器的表记不在控制室，则可酌量减少抄表次数，但每班至少记录 2 次。

2）安装在变压器上的温度计，在巡视变压器时应同时作记录。无人值班的变压器应于每次定期检查时记录变压器的电压、电流和上层油温。

3）对于配电变压器应在最大负荷期间测量某三相的负荷。如分配不平衡时，应重新分配。测量的期限应在现场规程内规定。

4）电力变压器应定期进行外部检查，检查的周期一般可参照下列规定：

安装在总变电所和经常有人值班的 6kV 变电所内的变压器每天至少检查 1 次，每星期应有 1 次夜间检查。无值班人员的变电所和室内变压器容量在 3200kVA 及以上者，每10 天至少检查 1 次，并应在每次投入前和停用后进行检查。容量大于 330kVA 但小于 3200kVA 者，每月至少检查 1 次，并应在每次投入前和停用后进行检查。无值班人员的变电所或室内变压器容量小于 320kVA 及以下的变压器，每两个月至少检查 1 次。

5）根据现场具体情况（尘土，结冰等情况）应增加检查次数并订入现场规程内。在气候激变时应对变压器的油面进行额外的检查。变压器在瓦斯继电器发出警报信号时应进行外部检查。

（2）变压器外部检查的一般项目如下：

1）检查变压器油枕内和充油套管内的油色（如充油套管构造适于检查时）、油面的高度和有无漏油。

2）检查变压器套管是否清洁，有无破损裂纹、放电痕迹及其他现象。

3）检查变压器嗡嗡声的性质，音响是否加大，有无新的音调发生等。

4）检查冷却装置的运行是否正常。

5）检查电缆和母线有无异常情况。

6）检查变压器的油温。

7）如变压器系装在室内，则应检查门、窗、门闩是否完整，房屋是否漏雨，照明和空气温度是否适宜。

8）检查防爆管的隔膜是否完整。

9）检查瓦斯继电器的油面和连接油门是否打开。

10）根据变压器构造特点需补充检查的项目，应在现场规程中规定。

11）各单位电气运行负责人应组织附加检查下列各项：

① 变压器外壳的接地状况；

② 击穿式保险器的状态；

③ 油的再生装置和过滤器的工作状况；

④ 油枕的集污器内有无水和不洁物，若有则应除去；

⑤ 室内变压器的通风状况；

⑥ 利用控制油门检查油面针是否有堵塞的现象；

⑦ 呼吸器内的干燥剂是否已吸潮至饱和状态；

⑧ 油门和其他处的铅封情况；

⑨ 各种标示牌和相色的漆是否清楚显明。

(3) 对变压器线圈绝缘的检查：

变压器在安装或检修后投入运行前（通常在干燥后）及长期停用后，均应测量线圈的绝缘电阻，测得的数值与测量时的油温应记入变压器履历卡片中。测量线圈的绝缘电阻应使用 $1000 \sim 2500V$ 的兆欧表。线圈绝缘电阻的允许值不予规定。在变压器使用期间所测得的绝缘电阻值与变压器在安装或大修干燥后投入运行前测得的数值的比，是判断变压器运行中绝缘状态的主要依据。绝缘电阻的测量应尽可能在相同的温度，用电压相同的兆欧表进行。如变压器的绝缘电阻剧烈降低至初次值的 50% 或更低时，分别应测量变压器的 $\tan\delta$、电容比和取油样试验（包括测量油的体积电阻和 $\tan\delta$）。变压器绝缘状况的最后结论应综合全部实验数据并与以前运行中的数据比较分析后得出。

(4) 变压器操作前的检查：

1) 值班人员在合变压器的开关前，须仔细检查变压器，以确保变压器是在完好状态，检查所有临时接地线、标识牌、遮栏等是否已经拆除。

2) 测量绝缘电阻，测量必须将电压互感器断开。若变压器的绝缘电阻小于规定值时，应立即向上级部门报告。

3) 所有备用中的变压器应确保可随时投入运行，长期停用的备用变压器应定期充电。

4) 变压器合闸和拉闸的操作程序应在现场规程中加以规定，并须遵守下列各项规定：

① 变压器的充电应当由装有保护装置的电源侧进行，一旦变压器内部有短路故障时可由保护装置将其切断。

② 如有断路器时，必须使用断路器进行投入和切断。

③ 没有断路器时，可用隔离开关拉合空载电流不超过 $2A$ 的变压器。

④ 新安装或更换线圈大修后的变压器与发电机作单元联接者，投入运行时，应由零起升压充电，其他变压器可冲击合闸充电。

⑤ 变压器在大修和事故检修及换油以后，可无需等待消除油中的气泡即行充电和加负荷（但做耐压试验除外）。

⑥ 装有油枕的变压器在合闸前，应放去外充和散热器上部残存的空气。

(5) 变压器油的检查：

经常对变压器进行取油试验，对保证电气设备不间断和无事故地运行有着重大的意义。从变压器中取油样做耐压试验的目的，不只是确定电气的绝缘强度，而且还检查许多指标。变压器投运一年以后，在其正常运行状态下第一次取油样试验；以后每隔五年至少进行一次油样试验（8000kVA 及以上变压器，油中溶解气体色谱分析应每年进行一次），当变压器的密封性被破坏或者发生故障后，应在计划外取油样进行电气强度试验。运行中的变压器，其油的电气强度不得低于 $25kV$。

绝缘油质量的简易鉴别法：

1）油的颜色的检查方法是将要试验的绝缘油用滤纸过滤两次（在 20～22℃时进行），把油盛于试管中，与一组装有 15 个标准油色的试管进行颜色比对。油色检查虽不能直接判定绝缘油是否可以使用，但可以迅速而简便地鉴定油质变化程度。例如，新油一般为浅黄色，氧化后颜色变深。新油呈深暗色是不允许的。运行中油色迅速变暗，便表明油质变坏。

2）透明度检查，将新油装于玻璃瓶中，其色泽透明，并带有蓝紫色的荧光；将运行的油装入玻璃瓶中，如果失去荧光和透明度，则表明油中有机械混合物和游离碳。

3）气味，新绝缘油一般无气味，或捎带煤油味。如果有别的气味，则说明油质变坏。例如：烧焦味——干燥时过热；酸味——油严重老化；乙炔味——变压器内产生过电弧。

5. 变压器的故障诊断

（1）变压器发生故障的原因有时是比较复杂的，为了顺利地正确检查与分析其原因，事前应详细了解下述情况：

1）变压器的运行情况，如负荷情况，过负荷情况和前负荷种类。

2）故障发生以前和故障发生时的气候与环境情况，例如是否经雷击，是否受雨雪侵袭等。

3）变压器温升和电压情况。

4）继电保护动作的性质，并查明在哪一相动作。

5）如果变压器具有运行记录，应加以检查。

6）检查变压器的技术资料，了解上次检修的质量情况。

7）其他外界因素，如有无小动物活动的痕迹等。

（2）故障检查分析方法：

1）直观法

容量在 560kV 以上的变压器，一般都装有保护装置，如气体继电器、差动保护继电器和过流保护装置等。变压器发生故障时，其相应的保护装置将动作，其中能比较准确的反映变压器故障的是气体继电器。如果气体继电器的上浮筒工作产生信号，则表明变压器事故比较轻，如果下浮筒动作，则表明变压器已发生严重事故；在特别严重的情况下，气体继电器动作的同时，防爆管也有气体和油冲出。

2）解体检查

将变压器进行解体检查，是判断其故障性质，找出故障部位的一种方法。若故障发生在铁芯或线圈内，则必须进行解体检查。若固体绝缘击穿，一般有碳渣沉积或产生焦臭气味。因此，凡有特殊臭味处，均应仔细嗅辨和检查（有时要剥开绝缘检查）。此外应不定期察看线圈的颜色和老化程度。

6. 变压器的温度

变压器的使用年限与运行温度的高低有密切关系。变压器的温度是以变压器油的上层的温度作标准，它对变压器的寿命影响很大。变压器的寿命，一般就是其绝缘（浸过绝缘漆或浸在绝缘油中的棉纱、纸、丝等材料）的寿命。变压器的工作温度每升高 8～9℃，其绝缘的寿命就要减少一半。变压器在正常工作温度 95℃下运行，其寿命为 20 年；若温度升至 105℃运行，则寿命缩短到 7 年；温度再升至 120℃运行，则寿命缩短到 2 年，变压器若在 170℃ 的温度下继续运行，那么，10～12 天就要报废了。

变压器的温度是指变压器油的上层温度，规程规定这个温度不得超过 95℃，实际为了防止变压器油迅速劣化，上层油温不宜经常超过 85℃，如用水银温度表贴在变压器外壳上进行测量，则允许温度还要降 5～10℃（即 75～80℃）。如果超过允许值，则需查明是什么原因，并采取对策。例如环境温度高，则可采取加电风扇、水冷却等措施予以降低。又如负荷、电压、环境温度都和过去相同，但温度比过去高出 10℃ 以上，且不断上升，那可能变压器内部有故障，则需立即停止运行。

变压器的温度高低有四个因素决定：

（1）周围环境温度。夏天变压器的温度比冬季高，室内变压器的温度比室外的高。

（2）变压器本身的制造质量。制造质量好的变压器其铜损、铁损都小，温度也就较低。

（3）变压器的负荷。变压器线圈的发热量与负荷电流的平方成正比，变压器经常按额定容量运行，其寿命应不低于 18～20 年。如果过负荷运行，则将大大缩短其寿命。

（4）变压器的工作电压。变压器的工作电压应保持在额定电压，如果经常超过额定电压运行，也会缩短变压器的寿命；因为工作电压比额定电压高 10% 时，变压器的铁损要加 30%～50%，温度也会增高。

7. 变压器的完好标准

（1）变压器完好：

1）运行正常；2）处理符合铭牌要求；3）油温不超过 85℃，油位在规定监视线以内；4）声音正常。

（2）结构完整无损、绝缘性能良好：

1）线圈、瓷套管和分接开关的各项预防性试验指标合格；2）变压器油的各项指标合格。

（3）主体完整清洁、零附件齐全、技术性能良好：

1）外壳上的铭牌完整，字迹清晰；2）根据设计规定，装有气体继电器、油枕、温度计、吸湿器、油位计、冷却系统、防爆筒、油再生装置和接地线，且这些器件的技术性能良好；3）外观整洁、瓷件完整、无渗漏现象，一、二次附属设备动作灵活，保护装置齐全、可靠。

8. 瓦斯保护

瓦斯保护是变压器的主要保护，能有效地反应变压器内部故障。轻瓦斯继电器由开口杯、干簧触点等组成，作用于信号。重瓦斯继电器由挡板、弹簧、干簧触点等组成，作用于跳闸。正常运行时，瓦斯继电器充满油，开口杯浸在油内，处于上浮位置，干簧触点断开。

当变压器内部故障时，故障点局部发生过热，引起附近的变压器油膨胀，油内溶解的空气被逐出，形成气泡上升，同时油和其他材料在电弧和放电等的作用下电离而产生瓦斯。当故障轻微时，排出的瓦斯气体缓慢地上升而进入瓦斯继电器，使油面下降，开口杯产生的支点为轴逆时针方向的转动，使干簧触点接通，发出信号。当变压器内部故障严重时，产生强烈的瓦斯气体，使变压器内部压力突增，产生很大的油流向油枕方向冲击，因油流冲击挡板，挡板克服弹簧的阻力，带动磁铁向干簧触点方向移动，使干簧触点接通，作用于跳闸。

瓦斯保护能反应变压器油箱内的内部故障，包括铁芯过热烧伤、油面降低等，但差动保护对此无反应。又如变压器绕组产生少数线匝的匝间短路，虽然短路匝内短路电流很大会造成局部绕组严重过热产生强烈的油流向油枕方向冲击，但表现在相电流上却并不大，因此差动保护没有反应，但瓦斯保护对此却能灵敏地加以反应，这就是差动保护不能代替瓦斯保护的原因。

9. 差动保护

差动保护是变压器的主保护，是按循环电流原理装设的。

差动保护，是利用基尔霍夫电流定律工作的，也就是把被保护的电气设备看成是一个接点，那么正常时流进被保护设备的电流和流出的电流相等，差动电流等于零。当设备出现故障时，流进被保护设备的电流和流出的电流不相等，差动电流大于零。当差动电流大于差动保护装置的整定值时，保护动作，将被保护设备的各侧断路器跳开，使故障设备断开电源。其保护范围在输入的两端电流互感器之间的设备（可以是线路，发电机，电动机，变压器等电气设备）。

电力变压器的差动保护，其电流就是取自变压器高、低压侧的变压器电流互感器。

10. 干式变压器

环氧浇注干式变压器具有难燃、自熄、耐潮、机械强度高、体积小、重量轻、承受短路能力强等多种优点，得到了广泛应用。但是干式变压器也存在一些缺点，比如在通风不畅的情况下，其散热性能不如油浸式变压器好等。（见图5-2）

干式变压器维修保养内容：

（1）做好清扫工作：

如发现有过多的灰尘聚集，则必须立即清除，以保证空气流通。在积尘较大的场所，干式变压器至少每半年清扫一次。对于通风道里的灰尘。应使用吸尘器或压缩空气来进行清除。如果不及时清除将影响变压器的散热，还将导致变压器绝缘降低甚至造成绝缘击穿。

（2）加强通风设备的运行维护，保证变压器通风流畅：

确保通风设备正常，主要是确保风机

图 5-2　干式变压器

的正常运转。如所带负荷很小，并证明变压器确实没有特别过热点（这可用红外线测温仪和本身自配的温控器检测），可以减少运转的风机，但必须保证有风机正常运行，因为干式变压器一旦发生热损坏，将严重损坏内部绕组。对无外壳的变压器应在周围安装隔离遮拦。变压器室的门、通风孔都要有防止雨雪和飞鸟、蛇等小动物进入的措施。

（3）温度的监控：

平常要加强对温控器的观察，看显示的三相温度是否平衡。变压器运行温度达到100℃时，风机起动；运行温度达到80℃时，风机停止；变压器的运行温度达到130℃时，输出报警信号；运行温度达到155℃时，输出跳闸信号。日常巡视检查中，必须注意观察温控器的变化，且保持有较畅通的风道，加强空气介质的流通，若发现某一相温度显示值变化显著，与其他两相相差较大，说明干式变压器温升不正常。

（4）积极开展去潮去湿工作，保证其干燥程度。在某些比较潮湿的地方（如雨水较多、阴暗地方），若启用已停运的干式变压器，则要检查是否有异常潮湿。如有，要启动热风对其表面进行干燥处理，以防绝缘击穿。对环氧树脂浇注的干式变压器而言，这种表面潮湿并不影响绕组内部的绝缘，因此，处理后就可投入运行。一旦变压器投入运行，其损耗产生的热量，将会使绝缘电阻恢复正常。

（5）认真检查紧固件、连接件是否松动，保障干式变压器的机械强度。变压器在长期运行过程中，不可避免地会出现端头受力、振动引起的紧固件、连接件松动现象。发生上述现象，就有可能产生过热点。为此，在高低压端头及所有可能产生过热的地方都要设置示温蜡片，定期观察，并结合清扫、预防性试验，紧固端头和连接件。

（6）积极开展除锈工作，防止铁心锈蚀。干式变压器的铁心都是暴露在空气中，极易锈蚀。如果发生大面积铁心锈蚀，就会使变压器的损耗增加、效率下降，甚至直接影响变压器的寿命。所以要定期除锈防锈，避免铁心锈蚀。

另外，目前生产的干式变压器耐压水平较油浸式变压器低，因此要加强对防雷器的配置和维护检测。防雷器以选氧化锌防雷器为佳。高压侧应采用电缆进线，不宜直接与架空线路相连接。

第三节　电动机运行维护

电动机是把电能转换成机械能的一种设备。它是利用通电线圈（也就是定子绕组）产生旋转磁场并作用于转子，形成磁电动力旋转扭矩。电动机按使用电源不同分为直流电动机和交流电动机，电力系统中的电动机大部分是交流电机，可以是同步电机或者是异步电机。电动机主要由定子与转子组成，通电导线在磁场中受力运动的方向跟电流方向和磁感线方向有关。电动机工作原理是磁场对电流受力的作用，使电动机转动。（见图5-3）

1. 同步电动机与异步电动机

（1）同步差别：同步电动机转速与电磁转速同步，而异步电动机的转速则低于电磁转速，同步电动机不论负载大小，只要不失步，转速就不会变化，异步电动机的转速时刻跟随负载大小的变化而变化。

（2）结构区别：同步电动机的精度高，但造工复杂、造价高、维修相对困难，而异步电动机虽然反应慢，但易于安装、使用，同时价格便宜。所以同步电动机没有异步电动机应用广泛。

（3）使用场合区别：同步电动机多应用于大型发电机，而异步电动机可以应用在任何电动机场合。

图 5-3　电动机

（4）主要差异区别：同步电动机和异步电动机区别在于有无滑差（磁场转速和转子速度的差）。

2. 异步电动机的基本结构

三相异步电动机的结构，由定子、转子和其他附件组成。

（1）定子（静止部分）

1）定子铁心的作用：电机磁路的一部分，并在其上放置定子绕组。构造：定子铁心一般由0.35～0.5mm厚表面具有绝缘层的硅钢片冲制、叠压而成，在铁心的内圆冲有均匀分布的槽，用以嵌放定子绕组。

定子铁心槽型有以下几种：

半闭口型槽：电动机的效率和功率因数较高，但绕组嵌线和绝缘都较困难。一般用于小型低压电机中。

半开口型槽：可嵌放成型绕组，一般用于大型、中型低压电机。所谓成型绕组即绕组可事先经过绝缘处理后再放入槽内。

开口型槽：用以嵌放成型绕组，绝缘方法方便，主要用于高压电机中。

2）定子绕组的作用：是电动机的电路部分，通入三相交流电，产生旋转磁场。构造：由三个在空间互隔120°电角度、对称排列的结构完全相同的绕组连接而成，这些绕组的各个线圈按一定规律分别嵌放在定子各槽内。

定子绕组的主要绝缘项目有以下三种（保证绕组的各导电部分与铁心间的可靠绝缘以及绕组本身间的可靠绝缘）：a. 对地绝缘：定子绕组整体与定子铁心间的绝缘。b. 相间绝缘：各相定子绕组间的绝缘。c. 匝间绝缘：每相定子绕组各线匝间的绝缘。

3）电动机接线盒内的接线：电动机接线盒内都有一块接线板，三相绕组的六个线头排成上下两排，并规定上排三个接线桩自左至右排列的编号为 1（U_1）、2（V_1）、3（W_1），下排三个接线桩自左至右排列的编号为 6（W_2）、4（U_2）、5（V_2），将三相绕组接成星形接法或三角形接法。凡制造和维修时均应按这个序号排列。

4）机座作用：固定定子铁心与前后端盖以支撑转子，并起防护、散热等作用。构造：机座通常为铸铁件，大型异步电动机机座一般用钢板焊成，微型电动机的机座采用铸铝件。封闭式电机的机座外面有散热筋以增加散热面积，防护式电机的机座两端端盖开有通风孔，使电动机内外的空气可直接对流，以利于散热。

（2）转子（旋转部分）

1）三相异步电动机的转子铁心的作用：作为电机磁路的一部分以及在铁心槽内放置转子绕组。构造：所用材料与定子一样，由0.5mm厚的硅钢片冲制、叠压而成，硅钢片外圆冲有均匀分布的孔，用来安置转子绕组。通常用定子铁心冲落后的硅钢片内圆来冲制转子铁心。一般小型异步电动机的转子铁心直接压装在转轴上，大、中型异步电动机（转子直径在300～400mm以上）的转子铁心则借助与转子支架压在转轴上。

2）三相异步电动机的转子绕组的作用：切割定子旋转磁场产生感应电动势及电流，并形成电磁转矩而使电动机旋转。构造：分为鼠笼式转子和绕线式转子。①鼠笼式转子：转子绕组由插入转子槽中的多根导条和两个环行的端环组成。若去掉转子铁心，整个绕组的外形像一个鼠笼，故称鼠笼型绕组。小型鼠笼型电动机采用铸铝转子绕组，对于100kW以上的电动机采用铜条和铜端环焊接而成。②绕线式转子：绕线转子绕组与定子绕组相似，也是一个对称的三相绕组，一般接成星形，三个出线头接到转轴的三个集流环上，再通过电刷与外电路联接。特点：结构较复杂，故绕线式电动机的应用不如鼠笼式电动机广泛。但通过集流环和电刷在转子绕组回路中串入附加电阻等元件，用于改善异步电动机的起、制动性能及调速性能，故在要求一定范围内进行平滑调速的设备，如吊车、电梯、空气压缩机等上面采用。

（3）三相异步电动机的其他附件：

1）端盖：支撑作用。

2）轴承：连接转动部分与不动部分。

3）轴承端盖：保护轴承。

4）风扇：冷却电动机。

3. 异步电动机的日常巡视

（1）启动前的准备和检查

1）检查电动及启动设备接地是否可靠和完整，接线是否正确与良好。

2）检查电动机铭牌所示电压、频率与电源电压、频率是否相符。

3）新安装或长期停用的电动机启动前应检查绕组相对相、相对地绝缘电阻。绝缘对地电阻应大于 $0.5\mathrm{M\Omega}$，如果低于此值，须将绕组烘干。

4）对绕线型转子应检查其集电环上的电刷装置是否能正常工作，电刷压力是否符合要求。

5）检查电动机转动是否灵活，滑动轴承内的油是否达到规定油位。

6）检查电动机所用熔断器的额定电流是否符合要求。

7）检查电动机各紧固螺栓及安装螺栓是否拧紧。

上述各检查全部达到要求后，可启动电动机。电动机启动后，空载运行 30min 左右，注意观察电动机是否有异常现象，如发现噪声、振动、发热等不正常情况，应采取措施，待情况消除后，才能投入运行。

启动绕线型电动机时，应将启动变阻器接入转子电路中。对有电刷提升机构的电动机，应放下电刷，并断开短路装置，合上定子电路开关，扳动变阻器。当电动机接近额定转速时，提起电刷，合上短路装置，电动机启动完毕。

（2）运行中的维护

1）电动机应经常保持清洁，不允许有杂物进入电动机内部；进风口和出风口必须保持畅通。

2）用仪表监视电源电压、频率及电动机的负载电流。电源电压、频率要符合电动机铭牌数据，电动机负载电流不得超过铭牌上的规定值，否则要查明原因，采取措施，不良情况消除后方能继续运行。

3）检测电动机各部位温升。

4）对于绕相型转子电机，应经常注意电刷与集电环间的接触压力、磨损及火花情况。电动机停转时，应断开定子电路内的开关，然后将电刷提升机构扳到启动位置，断开短路装置。

5）电动机运行后定期维修，一般分小修、大修两种。小修属一般检修，对电动机启动设备及整体不做大的拆卸，约一季度一次。大修要将所有传动装置及电动机的所有零部件都拆卸下来，并将拆卸的零部件做全面的检查及清洗，一般一年一次。

4. 电动机常见故障

（1）三相异步电动机不能启动的原因：1）电源未接通；2）熔丝熔断；3）定子或转子绕组断路；4）定子绕组接地；5）定子绕组相间短路；6）定子绕组接线错误；7）过载或传动机械被轧住；8）转子铜条松动；9）轴承中无润滑油，转轴因发热膨胀，妨碍在轴承中回转；10）控制设备接线错误或损坏；11）过电流继电器调得太小；12）老式启动开关油杯缺油；13）绕线式转子电动机启动操作错误；14）绕线式转子电动机转子电阻配备不当；15）轴承损坏。

三相异步电动机不能启动因素很多，应根据实际情况及症状作详细分析、仔细检查，不能搞强行多次启动，尤其在启动时电动机发出异常声响或过热时，应立即切断电源，在查清原因且排除后再行启动，以防故障扩大。

（2）电动机带负载运行时转速缓慢的原因：1）电源电压过低；2）鼠笼转子断条；3）线圈或线圈组有短路点；4）线圈或线圈组有接反处；5）相绕组反接；6）过载；7）绕线式转子一相断路；8）绕线式转子电动机启动变阻器接触不良；9）电刷与滑环接触不良。

（3）电动机运转时声音不正常的原因：1）定子与转子相擦；2）转子风叶碰壳；3）转子擦绝缘纸；4）轴承缺油；5）电动机内有杂物；6）电动机二相运转有"嗡嗡"声。

（4）电动机外壳带电原因：1）电源线与接地线搞错；2）电动机绕组受潮，绝缘老化使绝缘性能降低；3）引出线与接线盒碰壳；4）局部绕组绝缘损坏使导线碰壳；5）铁心松弛刺伤导线；6）接地线失灵；7）接线板损坏或表面油污过多。

（5）绕组式转子滑环火花过大的原因：1）滑环表面脏污；2）电刷压力过小；3）电刷在刷内轧住；4）电刷偏离中性线位置。

（6）电动机温升过高或冒烟的原因：1）电源电压过高或过低；2）过载；3）电动机单相运行；4）定子绕组接地；5）轴承损坏或轴承太紧；6）定子绕组匝间或相间短路；7）环境温度过高；8）电动机风道不畅或风扇损坏。

（7）电动机空载或负载运行时电流表指针来回摆动的原因：1）鼠笼式转子断条；2）绕组式转子一相断路；3）绕线式转子电动机的一相电刷接触不良；4）绕线式转子电动机的滑环短路装置接触不良。

（8）电动机振动的原因：1）转子不平衡；2）轴头弯曲；3）皮带盘不平衡；4）皮带盘轴孔偏心；5）固定电动机的地脚螺栓松动；6）固定电动机的基础不牢或不平。

（9）电动机轴承过热的原因：1）轴承损坏；2）润滑油过多、过少或油质不良；3）轴承与轴配合过松或过紧；4）轴承与端盖配合过松或过紧；5）滑动轴承油环不转或转动缓慢；6）电动机两侧端盖或轴承盖未装平；7）皮带过紧；8）联轴器装得不好。

5. 故障维修

电机在长期运行过程中，经常会出现各种故障：如与减速机之间的连接器传递扭矩较大，法兰面上的连接孔出现严重的磨损，增大了连接的配合间隙，导致传递扭矩不平稳；电机轴轴承损坏后，造成的轴承位磨损；轴头、键槽间的磨损等。该类问题发生后，传统方法多以补焊或刷镀后机加工修复为主，但两者均存在一定弊端。补焊高温产生的热应力无法完全消除，易出现弯曲或断裂；而电刷镀受涂层厚度限制，容易剥落，且以上两种方法都是用金属修复金属，无法改变"硬对硬"的配合关系，在各力综合作用下，仍会造成再次磨损。西方国家针对以上问题多采用高分子复合材料的修复方法。应用高分子材料修复，既无补焊热应力影响，修复厚度也不受限制，同时产品所具有的金属材料不具备的退让性，可吸收设备的冲击振动，避免再次磨损的可能，并延长了设备部件的使用寿命，为企业节省大量的停机时间，创造巨大的经济价值。

（1）常见故障维修方法：

1）电机接通后不能启动的原因及处理方法：①定子绕组接线错误——检查接线，纠正错误；②定子绕组断路，短路接地，绕线转子电动机绕组断路——找出故障点，排除故障；③负载过重或传动机构被卡住——检查传动机构和负载；④绕线转子电动机转子回路开路（电刷与滑环接触不良，变阻器断路，引线接触不良等）——找出断路点，加以修复；⑤电源电压过低——检查原因并排除；⑥电源缺相——检查线路，恢复三相。

2）电动机温升过高或冒烟的原因及处理方法：①负载过重或启动过于频繁——减轻负载，减少启动次数；②运行过程中缺相——检查线路，恢复三相；③定子绕组接线错误——检查接线，加以纠正；④定子绕组接地，匝间或相间发生短路——查出接地或短路部位，加以修复；⑤笼型转子绕组断条——更换转子；⑥绕线转子绕组缺相运行——找出故障点，加以修复；⑦定子与转子相擦——检查轴承，转子是否变形，进行修理或更换；⑧通风不良——检查风通是否畅通；⑨电压过高或过低——检查原因并排除。

3）电动机振动过大的原因及处理方法：①转子不平衡——校平平衡；②带轮不平衡或轴伸弯曲——检查并校正；③电动机与负载轴线不对齐——检查调整机组的轴线；④电动机安装不妥——检查安装情况及地脚螺栓；⑤负载突然过重——减轻负载。

4）运行时有异声的原因及处理方法：①定子与转子相擦——检查轴承，转子是否变形，进行修理或更换；②轴承损坏或润滑不良——更换轴承，清洗轴承；③电动机缺相运行——检查断路点并加以修复；④风叶碰机壳——检查并消除故障。

5）电动机带负载时转速过低的原因及处理方法：①电源电压过低——检查电源电压；②负载过大——核对负载；③笼形转子绕组断条——更换转子；④绕线转子线组一相接触不良或断开——检查电刷压力，电刷与滑环接触情况及转子绕组。

6）电动机外壳带电的原因及处理方法：①接地不良或接地电阻太大——按规定接好地线，排除接地不良故障；②绕组受潮——进行烘干处理；③绝缘损坏，引线碰壳——浸漆修补绝缘，重接引线。

（2）维修技巧：

电动机运行或故障时，可通过看、听、闻、摸四种方法来及时预防和排除故障，保证电动机的安全运行。

1）看：观察电动机运行过程中有无异常，其主要表现为以下几种情况。①定子绕组短路时，可能会看到电动机冒烟。②电动机严重过载或缺相运行时，转速会变慢且有较沉重的"嗡嗡"声。③电动机正常运行，但突然停止时，会看到接线松脱处冒火花；保险丝熔断或某部件被卡住等现象。④若电动机剧烈振动，则可能是传动装置被卡住或电动机固定不良、地脚螺栓松动等。⑤若电动机内接触点和连接处有变色、烧痕和烟迹等，则说明可能有局部过热、导体连接处接触不良或绕组烧毁等。

2）听：电动机正常运行时应发出均匀且较轻的"嗡嗡"声，无杂音和特别的声音。若发出噪声太大，包括电磁噪声、轴承杂音、通风噪声、机械摩擦声等，均可能是故障先兆或故障现象。

① 对于电磁噪声，如果电动机发出忽高忽低且沉重的声音，则原因可能有以下几种：a. 定子与转子间气隙不均匀，此时声音忽高忽低且高低音间隔时间不变，这是轴承磨损从而使定子与转子不同心所致；b. 三相电流不平衡。这是三相绕组存在误接地、短路或接触不良等原因，若声音很沉闷则说明电动机严重过载或缺相运行；c. 铁芯松动。电动机在运行中因振动而使铁芯固定螺栓松动造成铁芯硅钢片松动，发出噪声。

② 对于轴承杂音，应在电动机运行中经常监听。监听方法是：将螺丝刀一端顶住轴承安装部位，另一端贴近耳朵，便可听到轴承运转声。若轴承运转正常，其声音为连续而细小的"沙沙"声，不会有忽高忽低的变化及金属摩擦声。若出现以下几种声音则为不正常现象。a. 轴承运转时有"吱吱"声，这是金属摩擦声，一般为轴承缺油所致，应拆开轴承加注适量润滑脂。b. 若出现"唧哩"声，这是滚珠转动时发出的声音，一般由润滑脂干涸或缺油引起，可加注适量油脂。c. 若出现"喀喀"声或"嘎吱"声，则为轴承内滚珠不规则运动而产生的声音，这是轴承内滚珠损坏或电动机长期不用，润滑脂干涸所致。

③ 若传动机构和被传动机构发出连续而非忽高忽低的声音，可分以下几种情况处理。a. 周期性"啪啪"声，为皮带接头不平滑引起。b. 周期性"咚咚"声，为联轴器或皮带轮与轴间松动以及键或键槽磨损引起。c. 不均匀的碰撞声，为风叶碰撞风扇罩引起。

3）闻：通过闻电动机的气味也能判断及预防故障。若发现有特殊的油漆味，说明电动机内部温度过高；若发现有很重的糊味或焦臭味，则可能是绝缘层被击穿或绕组已烧毁。

4）摸：摸电动机一些部位的温度也可判断故障原因。为确保安全，用手摸时应用手背去碰触电动机外壳、轴承周围部分，若发现温度异常，其原因可能有以下几种。a. 通风不良。如风扇脱落、通风道堵塞等。b. 过载。致使电流过大而使定子绕组过热。c. 定子绕组匝间短路或三相电流不平衡。d. 频繁启动或制动。e. 若轴承周围温度过高，则可能是轴承损坏或缺油所致。

6. 电动机发生火灾的原因

（1）过载：会造成绕组电流增加，绕组和铁心温度上升，严重时会引发火灾。

（2）断相运行：电动机虽然还能运转，但绕组电流会增大以致烧毁电动机而引发火灾。

（3）接触不良：会造成接触电阻过大而发热或者产生电弧，严重时可引燃电动机内可燃物进而引发火灾。

（4）绝缘损坏：形成相间和匝间短路，因而引发火灾。

（5）机械摩擦：轴承损坏时可造成定子、转子摩擦或电动机轴被卡，产生高温或绕组短路而引发火灾。

（6）选型不当。

（7）铁心消耗过大：会使涡流损耗过大造成铁心发热和绕组过载，严重时引发火灾。

（8）接地不良：当电动机绕组对地发生短路时，如果接地不良，会导致电动机外壳带电，一方面会引起人身触电事故，另一方面致使机壳发热，严重时引燃周围可燃物而引发火灾。

7. 电动机过热异常

（1）电源方面

1）电源电压过高：当电源电压过高时，电动机反电动势、磁通及磁通密度均随之增大。由于铁损耗的大小与磁通密度的平方成正比，则铁损耗增加，导致铁心过热；而磁通增加，又致使励磁电流分量急剧增加，造成定子绕组铜损增大，使绕组过热。因此，电源电压超过电动机的额定电压时，会使电动机过热。

2）电源电压过低：电源电压过低时，若电动机的电磁转矩保持不变，磁通将降低，转子电流相应增大，定子电流中负载电源分量随之增加，造成绕线的铜损耗增大，致使定、转子绕组过热。

3）电源电压不对称：当电源线一相断路、保险丝一相熔断，或闸刀电动机启动设备角头烧伤致使一相不通，都将造成三相电动机走单相，致使运行的二相绕组通过大电流而过热，及至烧毁。

4）三相电源不平衡：当三相电源不平衡时，会使电动机的三相电流不平衡，引起绕组过热。由上述可见，当电动机过热时，应首先考虑电源方面的原因。确认电源方面无问题后，再去考虑其他方面因素。

（2）负载方面

1）电动机过载运行：当设备不配套，电动机的负载功率大于电动机的额定功率时，则电动机长期过载运行（即小马拉大车），会导致电动机过热。维修过热电动机时，应先搞清负载功率与电动机功率是否相符，以防范无目的的拆卸。

2）拖动的机械负载工作不正常：设备虽然配套，但所拖动的机械负载工作不正常，运行时负载时大时小，电动机过载而发热。

3）拖动的机械有故障：当被拖动的机械有故障，转动不灵活或被卡住，都将使电动机过载，造成电动机绕组过热。故检修电动机过热时，负载方面的因素不能忽视。

（3）电动机本身造成过热的原因

1）电动机绕组断路：当电动机绕组中有一相绕组断路，或并联支路中有一条支路断路时，都将导致三相电流不平衡，使电动机过热。

2）电动机绕组短路：当电动机绕组出现短路故障时，短路电流比正常工作电流大得多，使绕组铜损耗增加，导致绕组过热，甚至烧毁。

3）电动机接法错误：当三角形接法电动机错接成星形时，电动机仍带满负载运行，定子绕组流过的电流要超过额定电流，导致电动机自行停车，若停转时间稍长又未切断电源，绕组不仅严重过热，还将烧毁。当星形连接的电动机错接成三角形，或若干个线圈组串成一条支路的电动机错接成二支路并联，都将使绕组与铁心过热，严重时将烧毁绕组。

4）电动机接线错误：当一个线圈、线圈组或一相绕组接反时，都会导致三相电流严重不平衡，而使绕组过热。

5）电动机的机械故障：当电动机轴弯曲、装配不好、轴承有毛病等，均会使电动机电流增大，铜损耗及机械摩擦损耗增加，使电动机过热。

（4）通风散热不良使电动机过热的原因：

1）环境温度过高，使进风温度高。

2）进风口有杂物挡住，使进风不畅，造成进风量小。

3）电动机内部灰尘过多，影响散热。

4）风扇损坏或装反，造成无风或风量小。

5）未装风罩或电动机端盖内未装挡风板，造成电动机无一定的风路。

第四节　高压断路器运行维护

1. 高压断路器（或称高压开关）不仅可以切断或闭合高压电路中的空载电流和负荷电流，而且当系统发生故障时通过继电器保护装置的作用，切断过负荷电流和短路电流，它具有相当完善的灭弧结构和足够的断流能力。

2. 高压断路器的主要结构大体分为：导流部分、灭弧部分、绝缘部分、操作机构部分。高压开关的主要类型按灭弧介质分为：油断路器、压缩空气断路器、真空断路器、六氟化硫断路器、固体产气断路器、磁吹断路器。

按操作性质可分为：电动机构、气动机构、液压机构、弹簧储能机构、手动机构。

（1）油断路器：利用变压器油作为灭弧介质，分多油和少油两种类型。

（2）压缩空气断路器：利用高速流动的压缩空气来灭弧。

（3）真空断路器：触头密封在高真空的灭弧室内，利用真空的高绝缘性能来灭弧。

（4）六氟化硫断路器：采用惰性气体六氟化硫来灭弧，并利用它所具有的很高的绝缘性能来增强触头间的绝缘。

（5）固体产气断路器：利用固体产气物质在电弧高温作用下分解出来的气体来灭弧。

（6）磁吹断路器：断路时，利用本身流过的大电流产生的电磁力将电弧迅速拉长而吸入磁性灭弧室内冷却熄灭。

3. 高压断路器的接线

高压断路器的接线方式有板前、板后、插入式、抽屉式，板前接线是常见的接线方式。

（1）板后接线方式：板后接线最大特点是可以在更换或维修断路器时，不必重新接线，只要将前级电源断开。由于该结构特殊，产品出厂时已按设计要求配置了专用安装板和安装螺栓及接线螺栓，需要特别注意的是由于大容量断路器接触的可靠性将直接影响断路器的正常使用，因此安装时必须引起重视，严格按制造厂要求进行安装。

（2）插入式接线：在成套装置的安装板上，先安装一个断路器的安装座，安装座上有6个插头，断路器的连接板上有6个插座。安装座的面上有连接板或安装座后有螺栓，安装座预先接上电源线和负载线。使用时，将断路器直接插进安装座。如果断路器坏了，只要拔出坏的，换上一只好的即可。它的维修、更换时间比板前、板后接线要短，且更方便。由于插、拔需要一定的人力，因此目前我国的插入式产品，其壳架电流限制在最大为400A，这种形式节省了维修和更换时间。插入式断路器在安装时应检查断路器的插头是否压紧，并应将断路器安全紧固，以减少接触电阻，提高可靠性。

（3）抽屉式接线：断路器的进出抽屉是由摇杆顺时针或逆时针转动的，在主回路和二次回路中均采用了插入式结构，省略了固定式所必须的隔离器，做到一机二用，提高了使用的经济性，同时给操作与维护带来了很大的方便，增加了安全性、可靠性。特别是抽屉座的主回路触刀座，可与 NT 型熔断器触刀座通用，这样在应急状态下可直接插入熔断器供电。

4. 高压断路器常见故障和处理方法

(1) 高压断路器故障的初步检查

1) 检查合闸控制电源是否正常。

2) 检查合闸控制回路熔丝和合闸熔断器是否良好。

3) 检查合闸接触器的触点是否正常（如电磁操动机构）。

4) 将控制开关扳至"合闸时"位置，看合闸铁芯是否动作（液压机构、气动机构、弹簧机构的检查类同）。若合闸铁芯动作正常，则说明电气回路正常。

5) 如果电气回路正常，断路器仍不能合闸，则说明是机械方面的故障，应停用断路器，报告相关负责人安排检修处理。

经以上初步检查，可判定是电气方面，还是机械方面的故障。

(2) 电气回路故障

1) 合闸操作前红、绿指示灯均不亮，说明控制回路有断线现象或无控制电源。可检查控制电源和整个控制回路上的元件是否正常，如：操作电压是否正常，熔丝是否熔断，防跳继电器是否正常，断路器辅助触点是否良好，有无气压、液压闭锁等。

2) 操作合闸后红灯不亮，绿灯闪光且事故喇叭响时，说明操作手柄位置和断路器的位置不对应，断路器未合上。其常见的原因有：①合闸回路熔断器的熔丝熔断或接触不良；②合闸接触器未动作；③合闸线圈发生故障。

3) 操作断路器合闸后，绿灯熄灭，红灯亮，但瞬间红灯又灭绿灯闪光，事故喇叭响，说明断路器合上后又自动跳闸。其原因可能是断路器合在故障线路上造成保护动作跳闸或断路器机械故障不能使断路器保持在合闸状态。

4) 操作合闸后绿灯熄灭，红灯不亮，但电流表计已有指示，说明断路器已经合上。可能的原因是断路器辅助触点或控制开关触点接触不良，或跳闸线圈断开使回路不通，或控制回路熔丝熔断，或指示灯泡损坏。

5) 分闸回路直流电源两点接地。

6) SF_6 断路器气体压力过低，密度继电器闭锁操作回路。

7) 液压机构压力低于规定值，合闸回路被闭锁。

(3) 机械机构故障

1) 传动机构连杆松动脱落。

2) 合闸铁芯卡涩。

3) 断路器分闸后机构未复归到预合位置。

4) 跳闸机构脱扣。

5) 合闸电磁铁动作电压太高，使一级合闸阀打不开。

6) 弹簧操动机构合闸弹簧未储能。

7) 分闸连杆未复归。

8) 分闸锁钩未钩住或分闸四连杆机构调整未越过死点，因而不能保持合闸。

9) 机构卡死，连接部分轴销脱落，使机构空合。

10) 有时断路器合闸时多次连续做合分动作，此时系开关的辅助动断触点打开过早。

（4）断路器拒跳故障

断路器的"拒跳"对系统安全运行威胁很大，一旦某一单元发生故障时，断路器拒跳，将会造成上一级断路器跳闸，称为"越级跳闸"，这将扩大事故停电范围，造成大面积停电的恶性事故。因此，"拒跳"比"拒合"带来的危害性更大。

1）对"拒跳"故障的处理方法：

① 当尚未判明故障断路器之前而主变压器电源总断路器电流表指示异常，变压器声响强烈，应先拉开电源总断路器，以防烧坏主变压器。

② 当上级后备保护动作造成停电时，若查明有分路保护动作，但断路器未跳闸，应拉开拒动的断路器，恢复上级电源断路器；若查明各分路保护均未动作，则应检查停电范围内设备有无故障，若无故障应拉开所有分路断路器，合上电源断路器后，逐一试各分路断路器，当送到某一分路时电源断路器又再跳闸，则可判明该断路器为故障（拒跳）断路器。

③ 在检查"拒跳"断路器除可迅速排除的一般电气故障（如控制电源电压过低，或控制回路熔断器接触不良，熔丝熔断等）外，对一时难以处理的电气或机械性故障，均应停用，转检修处理。

2）"拒跳"断路器电气及机械故障的判断：

① 检查是否为跳闸电源的电压过低所致。

② 检查跳闸回路是否完好，如跳闸铁芯动作良好，断路器拒跳，则说明是机械故障。

③ 如果电源良好，若铁芯动作无力、铁芯卡涩或线圈故障造成拒跳，往往可能是电气和机械方面同时存在故障。

④ 如果操作电压正常，操作后铁芯不动，则多半是电气故障引起"拒跳"。

（5）断路器误跳故障

运行中的断路器，系统无短路或直接接地现象，继电保护未动作，断路器自动跳闸称断路器"误跳"。对"误跳"的分析、判断与处理一般分以下三步进行。

1）根据事故特征，判定"误跳"。①在跳闸前表计、信号指示正常，表示系统无短路故障。②跳闸后，绿灯连续闪光，红灯熄灭，该断路器回路的电流表及有功、无功表指示为零。

2）查明原因，分别处理。①若由于人员误碰、误操作，或受机械外力振动，保护盘受外力振动引起自动脱扣的"误跳"，应排除开关故障原因，立即送电。②对其他电气或机械部分故障，无法立即恢复送电的则应联系调度及有关领导将"误跳"断路器停用，转为检修处理。

3）对"误跳"断路器分别进行电气和机械方面故障的检查、分析。①保护误动或整定位不当，或电流、电压互感器回路故障。②二次回路绝缘不良，直流系统发生两点接地（跳闸回路发生两点接地）。③合闸维持支架和分闸锁扣维持不住，造成跳闸。④液压机械分闸一级阀和逆止阀处密封不良、渗漏时，本应由合闸保持孔供油到二级阀上端以维持断路器在合闸位置，但当漏的油量超过补充油量时，在二级阀上下两端造成压强不同，当二级阀上部的压力小于下部的压力时，二级阀会自动返回，而二级阀返回会使工作缸合闸腔内高压油泄掉，从而使断路器跳闸。

（6）断路器误合闸故障

1）若断路器未经操作自动合闸，则属"误合"故障。一般应按如下做法判断和处理。

①经检查确认为未经合闸操作。②手柄处于"分后位置"，而红灯连续闪光。表明断路器已合闸，但属"误合"。③应拉开误合的断路器。④对"误合"的断路器，如果拉开后断路器又再"误合"，应取下合闸熔断器，分别检查电气方面和机械方面的原因，将断路器停用作检修处理。

2）"误合"原因可能有：

① 直流两点接地，使合闸控制回路接通。

② 自动重合闸继电器动合触点误闭合，或其他元件某些故障接通控制回路，使断路器合闸。

③ 若合闸接触器线圈电阻过小，且动作电压偏低，当直流系统发生瞬间脉冲时，会引起断路器误合闸。

④ 弹簧操动机构的储能弹簧锁扣不可靠，在有震动情况下（如断路器跳闸时），锁扣可能自动解除，造成断路器自行合闸。

（7）油断路器问题

油断路器油位异常的处理：

运行中油断路器油位指示应正常，油位过低应注油，过高应放油，及时调整油位。当油面看不到并伴有严重漏油情况时，应视为严重缺陷。这时禁止将其断开，同时应设法使断路器退出运行，如用旁路代替或取下该断路器的操作熔丝，以防断路器突然跳闸，造成设备的更大损坏。

油断路器严重缺油的原因主要有：

1）放油阀门胶垫龟裂或关闭不严引起渗漏油。特别是使用水阀的设备应更换为油阀。

2）油标玻璃裂纹或破损而漏油。

3）修试人员多次放油后未作补充。

4）气温突降且原来油量不足。

（8）真空断路器问题

真空断路器是利用真空的高介质强度灭弧。真空度必须保证在0.0133Pa以上，才能可靠地运行。若低于此真空度，则不能灭弧。由于现场测量真空度非常困难，因此一般均以检查其承受耐压的情况为鉴别真空度是否下降的依据。正常巡视检查时要注意屏蔽罩的颜色，应无异常变化。特别要注意断路器分闸时的弧光颜色，真空度正常情况下弧光呈微兰色，若真空度降低则变为橙红色。这时应及时更换真空灭弧室。

造成真空断路器真空度降低的原因主要有：

1）使用材料气密情况不良。

2）金属波纹管密封质量不良。

3）在调试过程中，行程超过波纹管的范围，或超程过大，受冲击力太大造成。

（9）SF_6断路器（六氟化硫断路器）问题：

SF_6断路器气压是非常重要的，如果压力过低，将对断路器性能有直接影响。因此，在SF_6断路器上装有密度继电器，当断路器的气体压力下降到一定值时，将发出信号；若漏气严重，则红、绿灯熄灭。此时，自动闭锁分合闸回路，以确保断路器可靠运行和动作。平时可用气压表监视气压。

1）SF_6 断路器运行注意事项：

① 气压表的指示值在逐步下降时，说明断路器漏气。若 SF_6 气压突然降至零，应立即将该断路器改为非自动，断开其控制电源，断开上一级断路器，并将该故障断路器停用、检修。

② 运行中 SF_6 断路器气室漏气发出补气信号，但红、绿灯未熄灭，表示还未降到闭锁压力值。如果由于系统的原因不能停电时，可在保证安全的情况下（如开启排风扇等），用合格的 SF_6 气体做补气处理。

2）造成漏气的主要原因有：

① 瓷套与法兰胶合处胶合不良。

② 瓷套的胶垫连接处，胶垫老化或位置未放正。

③ 滑动密封处密封圈损伤，或滑动杆光洁度不够。

④ 管接头处及自封阀处固定不紧或有杂物。

⑤ 压力表，特别是接头处密封垫损伤。

（10）断路器过热

断路器运行中若发现油箱外部颜色异常，且可嗅到焦臭气味，则应判为出现过热现象。断路器过热会使油位升高，迫使断路器内部缓冲空间缩小，同时由于过热还会使绝缘油劣化、绝缘材料老化、弹簧退火等。多油断路器油箱可用手摸，以判断是否过热。对少油断路器，可注意观察油位、油色和引线接头示温片有无熔化等过热特征。必要时可用红外线测温仪测试。

造成断路器过热的原因有：1）过负荷。2）触头接触不良，接触电阻超过标准值。3）导电杆与设备接线卡连接松动。4）导电回路内各电流过渡部件、紧固件松动或氧化，导致过热。

（11）分、合闸线圈冒烟

合闸操作或继电保护自动装置动作后，出现分合闸线圈严重过热或冒烟，可能是分合闸线圈长时间带电所造成的。发生此现象时，应马上断开直流电源，以防分、合闸线圈烧坏。

1）合闸线圈烧毁的原因有：①合闸接触器本身卡涩或触点粘连。②操作把手的合闸触点断不开。③重合闸装置辅助触点粘连。④防跳跃闭锁继电器失灵。⑤断路器辅助触点打不开。

2）跳闸线圈烧毁的原因主要有：①跳闸线圈内部匝间短路。②断路器跳闸后，机械辅助触点打不开，使跳闸线圈长时间带电。

（12）其他异常

1）若发现断路器瓷套管闪络破损、导电杆端头烧熔、绝缘油着火以及套管漏胶或喷胶时，应及时处理。

2）油断路器的油色变黑，应在维修或检修时换油。

3）SF_6 断路器发生意外爆炸或严重漏气等事故时，值班人员接近设备要防止气体中毒，应尽量选择从"上风"部位接近设备。对室内设备，应先开启排气装置。

第五节　隔　离　开　关

1. 隔离开关（俗称"刀闸"），一般指的是高压隔离开关，即额定电压在 1kV 及其以上的隔离开关，是高压开关电器中使用最多的一种电器，它本身的工作原理及结构比较简单，但是由于使用量大，工作可靠性要求高，对变电所、电厂的设计、建立和安全运行的影响均较大。隔离开关的主要特点是无灭弧能力，只能在没有负荷电流的情况下分、合电路。隔离开关用于各级电压，用作改变电路连接或使线路或设备与电源隔离，它没有断流能力，只能先用其他设备将线路断开后再操作。一般带有防止开关带负荷时误操作的联锁装置，有时需要销子来防止在大的故障的磁力作用下断开开关。

2. 高压隔离开关按其安装方式的不同，可分为户外高压隔离开关与户内高压隔离开关。户外高压隔离开关指能承受风、雨、雪、污秽、凝露、冰及浓霜等作用，适于安装在露台使用的高压隔离开关。按其绝缘支柱结构的不同可分为单柱式隔离开关、双柱式隔离开关、三柱式隔离开关。其中单柱式隔离开关在架空母线下面直接将垂直空间用作断口的电气绝缘，因此分合闸状态特别清晰。

3. 隔离开关的特点

（1）分闸后，建立可靠的绝缘间隙，将需要检修的设备或线路与电源用一个明显断开点隔开，以保证检修人员和设备的安全。

（2）可用来分、合线路中的小电流，如套管、母线、连接头、短电缆的充电电流，开关均压电容的电容电流，双母线换接时的环流以及电压互感器的励磁电流等。

（3）根据不同结构类型的具体情况，可用来分、合一定容量变压器的空载励磁电流。

4. 隔离开关的应用

（1）一般在断路器前后两面各安装一组隔离开关，目的是要将断路器与电源隔离，形成明显断开点；隔离开关主要用来将高压配电装置中需要停电的部分与带电部分可靠地隔离，以保证检修工作的安全。隔离开关的触头全部敞露在空气中，具有明显的断开点，隔离开关没有灭弧装置，因此不能用来切断负荷电流或短路电流，否则在高压作用下，断开点将产生强烈电弧，并很难自行熄灭，甚至可能造成飞弧（相对地或相间短路），烧损设备，危及人身安全，这就是所谓"带负荷拉闸刀"的严重事故。

（2）用来进行线路的切换操作，以改变系统的运行方式。例如：在双母线电路中，可以用隔离开关将运行中的电路从一条母线切换到另一条母线上。同时，也可以用来操作一些小电流的电路。

（3）中性点直接接地的普通变压器，应通过隔离开关接地。接在变压器引出线或中性点的防雷器可不装设隔离开关。

（4）在母线上的防雷器和电压互感器，宜合用一组隔离开关，保证电器和母线的检修安全，每段母线上宜装设 1~2 组接地刀闸。

（5）当馈电线路的用户侧没有电源时，断路器通往用户的那一侧可以不装设隔离开关。但为了防止雷电过电压，也可以装设。

5. 隔离开关的日常巡检和维护

（1）清扫瓷件表面的尘土，检查瓷件表面是否掉釉、破损，有无裂纹和闪络痕迹，绝缘子的铁、瓷结合部位是否牢固。若破损严重，应进行更换。

（2）用汽油擦净刀片、触点或触指上的油污，检查接触表面是否清洁，有无机械损伤、氧化和过热痕迹及扭曲、变形等现象。

（3）检查触点或刀片上的附件是否齐全，有无损坏。

（4）检查连接隔离开关和母线、断路器的引线是否牢固，有无过热现象。

（5）检查软连接部件有无折损、断股等现象。

（6）检查并清扫操作机构和传动部分，并加入适量的润滑油脂。

（7）检查传动部分与带电部分的距离是否符合要求；定位器和制动装置是否牢固，动作是否正确。

（8）检查隔离开关的底座是否良好，接地是否可靠。

6. 隔离开关常见故障

隔离开关常见故障有：①接触部分过热；②瓷质绝缘损坏和闪络放电；③拒绝拉、合闸；④错误拉、合闸等。

（1）接触部分过热

主要是负荷过重、接触电阻增大、操作时没有完全合好引起的。如刀片和刀嘴接触处排斥力很大，刀口合得不严，造成表面氧化，使接触电阻增大。其次隔离开关拉、合过程中会引起电弧，烧伤触头，使接触电阻增大。可根据隔离开关接触部分变色漆或试温片的变化来判断，也可根据刀片的颜色发暗程度来预估，使用红外线测温结果来确定。发现隔离开关触头、接点过热时，首先汇报调度，设法减少或转移负荷，加强监视，然后根据不同接线进行处理：

1）双母线接线：如果一母线侧刀闸过热，通过倒母线，将过热的隔离开关退出运行，停电检修。

2）单母线接线：必须降低其负荷，加强监视，并采取措施降温，如条件许可，尽可能停止使用。

3）带有旁路断路器的可用旁路断路器倒换。

4）线路侧隔离开关过热，其处理方法与单母线处理方法基本相同，应尽快安排停电检修。维持运行期间，应减小负荷并加强监视。

5）母线侧隔离开关过热，应减小负荷并联系相关电力部门进行维修。

（2）隔离开关触头熔焊变形、绝缘子破损、严重放电应立即停电处理，在停电前应加强监视。

（3）隔离开关拒绝分、合闸

1）拒绝合闸：由于轴销脱落、楔栓退出、铸铁断裂等机械故障，或因为电气回路故障，可能发生刀杆与操作机构脱节，从而引起隔离开关拒绝合闸，应找出具体故障部位进行修复。

2）拒绝跳闸。当隔离开关拉不开时，如系操动机构被冰冻结，可以轻轻摇动，并观察支持瓷瓶和机构的各部分，以便根据何处发生变形和变位，找出障碍地点。如果障碍地点发生在隔离开关的接触部分，则不应强行拉开，否则支持瓷瓶可能受破坏而引起严重事故，此时应改变设备的运行方式加以处理。

（4）隔离开关合不到位多数是机构锈蚀、卡涩、检修调试未调好等原因引起的，发生这种情况，可拉开隔离开关再合闸。对 220kV 隔离开关，可用绝缘棒推入，必要时应申请停电处理。高压隔离开关应每 2 年检修 1～2 次。

（5）电动隔离开关的电动操作失灵后，首先检查操作有无差错，然后检查操作电源回路、动力电源回路是否完好，熔断器是否熔断或松动。电气闭锁回路是否正常。

第六节　高压开关柜维护和保养

1. 高压开关柜维保是一项十分重要的工作，为了确保其性能得到高效的发挥，还需切实掌握其检修维护的内容，掌握其维护要点和注意事项。正确的操作可以确保整个配电房高效安全的运行。

2. 高压开关柜的作用

高压开关柜的主要作用是在电力系统中，进行开合、控制和保护用电设备，将低压电源配出。在开关柜的日常运行中对其例行检查维修，主要包括清理污物，调整其运行状态等，这种检修的周期通常是一个季度。这种检修主要是将开关柜解体进行大修，检修柜内的断路器，并对开关柜的一次设备进行预防性试验，二次设备进行检修及更换，这种检修的周期通常是 1～2 年。

3. 高压开关柜的维护

（1）强化开关柜的状态检修

实时的检测和控制高压开关柜的运行状态，选择正确的检修方案，借助状态检修来减少停电检修，保证整个开关柜的安全高效运行，提高整个配电房供电的可靠程度。

（2）不断强化检修维护中的停送电管理

在大修高压开关柜的过程中，通常需要不断进行停送电操作，并且开关柜运行过程中状态也在发生变化，这就会影响整个配电房运行的稳定性，同时因为开关柜的数量较多，导致配电房的调度非常困难。所以，应该根据重要性进行必要的划分，以保证配电房调度的顺利高效开展。

（3）确保检修过程的安全性

进行高压开关柜的检修过程中必须要严格遵守各种相关标准和规范，做到安全第一，保证检修措施及技术的合理科学，并且要明确相关人员的职责，保证检修的有序开展。

4. 高压开关柜的运行维护注意事项

（1）配电间应防潮、防尘、防止小动物钻入。

（2）所有金属器件应防锈蚀（涂上清漆或色漆），运动部件应注意润滑，检查螺钉有否松动，积灰需及时清除。

（3）观察各元件的状态，是否有过热变色、发了响声、接触不良等现象。

5. 五防

（1）防止误分合刀闸：高压开关柜内的断路器小车在试验位置合闸后，小车断路器无法进入工作位置。

（2）防止带接地线合闸：高压开关柜内的接地刀在合位时，小车断路器无法进入工作位置合闸。

（3）防止误入带电间隔：高压开关柜内的断路器在合闸时，柜前后门用接地刀上的机械与柜门闭锁。

（4）防止带电合接地刀闸：高压开关柜内的断路器在合闸时，接地刀无法关合投入。

（5）防止带负荷拉刀闸：高压开关柜内的断路器在合闸运行时，无法退出小车断路器的工作位置。

第七节　低压电器运行维护

低压电器维护检修规程：

1. 交流接触器

（1）检修周期不超过 5 年检修一次或按制造厂要求。

（2）接触面如有烧伤，用细锉锉好，并擦拭干净。

（3）触头脱焊、脱离或磨损到原厚度的 1/3，或触头的超程小到 0.5mm 以下，应更换。

（4）辅助触头动作可靠，接触良好。

（5）绝缘材料无烧焦的痕迹。

（6）线圈表层无过热变色，无断线。

（7）触头接触良好，并满足三相同期要求。

（8）接触器吸合灵活，无卡涩。

（9）铁芯无噪声，各部件无松动。

以上要求，反复操作并检查 3 次。维护周期为：开放式安装的每天检查一次；封闭安装的每半年一次。

2. 自动空气开关

（1）塑壳自动空气开关

1）合、分开关。在开关合闸时用试验按钮分断开关，操作次数为 5 次，开关应能可靠地分、合动作。

2）用清洁、干燥的抹布或漆刷清除开关表面及各连接处的灰尘。

3）清洁隔弧板。

4）测试绝缘（进出线间、相间、相与外壳）。

5）检查所有的连接情况，用砂布擦除氧化物，用溶剂清洁，拧紧螺栓与螺母。

6）开关带手动操作机构的，用手动操作开关进行 3 次分合闸，操作杆或手柄应运动自如。

7）开关带电动操作机构的，用电动操作开关进行 3 次分合闸，电动操作功能应正常。

8）检修周期不超过 5 年检修一次或按制造厂要求。

9）分、合故障短路电流 3 次后，应至少进行临时性检查 1 次。

（2）框架式自动空气开关

1）检查并清扫开关本体及抽屉座绝缘件的灰尘。

2）所有摩擦、移动部件按期润滑。

3）检查开关与母线连接处螺栓是否被拧紧，接触是否良好。

4）检查开关二次回路端子连线是否可靠。

5）检查控制器保护特性整定值是否正确。

6）检查开关各部分是否完整、清洁（壳体、架座、绝缘部件）。

7）检查开关基础是否牢固，操作时应无振动。

8）手动分合机构应动作灵活，无卡阻。

9）手动将开关摇进、摇出。试验、分离、连接位置应正确，联锁应可靠动作。

10）电动操作机构应动作正确。

11）开关与连接母排之间连接可靠，螺栓应紧固。

12）摇测绝缘。

13）检修周期不超过 5 年检修一次或按制造厂要求检修。

14）分、合故障短路电流 3 次后，应至少进行临时性检查 1 次。

（3）开关的操作

1）推入操作：

① 放开锁杆并将伸缩导轨向前拉伸。

② 将断路器放在伸缩导轨上，将断路器的凹面安装在导轨突出位置中。

③ 慢慢推入断路器，直到断路器不再移动为止。

④ 按下"OFF"按钮并插入抽出手柄，确保抽出位置指示器显示"DISCONNECT"。

⑤ 推入锁板，直到锁板锁住为止。

⑥ 放开锁板后，顺时针转动抽出手柄。

⑦ 再将断路器插入到试验位置时，抽出位置指示器显示"TEST"位置。同时，锁板自动突出并锁闭抽出手柄。随后，推入锁板并顺时针转动抽出手柄。当断路器插入到连接位置时，锁板自动突出从而表明断路器已完全插入到位。抽出位置指示器将显示"CONNECT"位置。

2）抽出操作：

① 按住"OFF"按钮并插入抽出手柄。

② 充分推入锁板，直到将锁板连接起来从而放开锁具为止。

③ 在放开锁板后，逆时针转动抽出手柄。

④ 当断路器抽出至试验位置时，抽出位置指示器显示"TEST"位置，同时锁板自动突出并锁闭抽出手柄。

⑤ 推动锁板，逆时针转动抽出手柄，从而将所显示的抽出位置变更为"DISCONNECT"位置。

⑥ 拉出断路器。

3. 热继电器

（1）检修周期不超过 5 年检修一次或按制造厂要求检修。

（2）热继电器的动作特性，通过额定电流时不动作。

（3）1.2 倍的额定电流小于 20min；1.5 倍的额定电流小于 2min；6 倍额定电流小于 5s。

（4）低压综保：检修周期每 1～3 年检修一次或按制造厂要求，特殊情况下可适当延长或缩短检修周期。通电校验每 5 年或 3 个检修周期内分批分期进行 1 次。

（5）带过热保护的 1.05 倍的额定电流小于 20min；1.3 倍的额定电流小于 2min；三

相不平衡保护的大于 50%，8s 内可靠动作；零序保护，当电机发生接地短路时具有足够的灵敏度；堵转保护，设定电流的 180% 以上动作，启动不动作。过电流设定值成倍增加时（2~10 倍），0.5s 动作。

4. 阀控铅酸蓄电池

（1）阀控式免维护铅酸蓄电池的维护

1）阀控蓄电池在运行中电压偏差值在 0.6V 内及放电终止电压值 10.8V。

2）在巡视中应检查蓄电池的单体电压值，连接片有无松动和腐蚀现象，壳体有无渗漏和变形，极柱与安全阀周围是否有酸雾溢出，绝缘电阻是否下降，蓄电池温度是否过高等。

3）备用搁置的阀控蓄电池，每 3 个月进行一次补充充电。

4）应根据现场实际情况，定期对阀控蓄电池组作外壳清洁工作。

（2）阀控蓄电池的故障及处理

1）造成阀控蓄电池壳体异常的原因：

① 充电电流过大，内部有短路或局部放电、温升超标、阀控失灵。

② 处理方法：减小充电电流，降低充电电压，检查安全阀体是否堵死。

2）运行中浮充电压正常，但一放电，电压很快下降到终止电压值，其原因：

① 蓄电池内部失水干涸、电解物质变质。

② 处理方法：更换蓄电池。

（3）蓄电池使用维护注意事项

1）进行电池使用和维护时，使用绝缘工具，电池上不可放置金属物体。

2）严禁使用任何有机溶剂清洗电池。

3）禁止拆卸密封电池的安全阀或在电池中加入任何物质。

4）禁止在电池组附近吸烟或使用明火。

5）电池放电后，应在 24h 内将电池充足电，以免影响其容量。

6）蓄电池性能会在保存中退化，应尽早使用。

7）所有维护工作必须由专人进行。

第八节　低压柜维护和保养

1. 低压柜维护保养规程

（1）日常巡检

1）各种表计应指示正确，表面清洁无灰尘。

2）检查显示开关分合闸的指示应正确。

3）检查进线柜及联络柜面板各控制开关是否在正确位置。

4）检查两段进线电压及电流在标准范围内。

5）检查两段功率因数补偿柜，功率因数在（0.9~1）$\cos\Phi$。

6）检查进线柜和母联柜内继电器工作是否正常。

7）检查低压柜控制面板有无报警指示。

8）检查柜内的永久性接地线牢固可靠。

9）检查各设备、元件运行应正常，无异声异味。

10）检查所有配电柜开关位置、运行声音、电流指示及指示灯工作是否正常。

（2）停电检修

1）配电柜清扫除尘。

2）检查开关拉合灵活程度并更换凡士林。

3）检查开关、继电器、交流接触器、断路器等外表清洁、触点是否完好，固定是否可靠，动作是否灵活可靠无过热现象。

4）检查进线断路器和联络柜断路器确保工作正常。

5）校验所有表计，检查继电器动作情况。

6）检查功率补偿柜，检查电容容量，检查并修理接触器触头。

7）母线母排清扫紧固压接良好，色标清晰，绝缘良好。

8）控制回路压接良好，绝缘无明显老化现象。

9）指示灯、按钮转换开关外表清洁。标识清晰，牢固可靠，转动灵活。

10）电容无功补偿柜电容接触器良好，电容补偿三相平衡，电容器无发热膨胀，接头不发热变色。

11）配电柜对地测试接地良好。

2. 低压柜常见故障及维修

（1）框架断路器不能合闸

1）控制回路故障：可使用万用表检查开路点。

2）智能脱扣器动作后，面板上的红色按钮没有复位：应查明脱扣原因，排除故障后按下复位按钮。

3）储能机构未储能或储能电路出现故障：手动或电动储能，如不能储能，再用万用表逐级检查蓄能电机或有无开路点。

4）抽出式开关未摇到位：将抽出式开关摇到位。

5）电气连锁故障：检查连锁线是否接入。

6）合闸线圈烧坏：目测合闸线圈表面，使用万用表检查线圈。

（2）塑壳断路器不能合闸

1）机构脱扣后，没有复位：应查明脱扣原因并排除故障后复位。

2）断路器带欠压线圈而进线端无电源：使进线端带电，将手柄复位后，再合闸。

3）操作机构没有压入：将操作机构压入后再合闸。

（3）断路器经常跳闸

1）断路器过载：适当减小用电负荷或更换大容量断路器。

2）断路器过流参数设置偏小：可重新调整断路器参数值。

（4）断路器合闸就跳闸

出线回路有短路现象：切不可反复多次合闸，必须查明故障，断开短路线路后再合闸。

（5）接触器异响

1）接触器受潮，铁芯表面锈蚀或产生污垢：清除铁芯表面的锈或污垢。

2）有杂物掉进接触器，阻碍机构正常动作：清除出杂物。

3）操作电源电压不正常：检查操作电源，采取措施恢复正常。

（6）不能就地控制操作

1）控制回路有远控操作，而远控线未正确接入：查明并正确接入远控操作线。

2）负载侧电流过大，使热元件动作：应查明负载过电流原因，将热元件复位。

3）热元件整定值设置偏小，使热元件动作：调整热元件整定值并复位。

第六章

变频调速

第一节 变频调速基本原理和种类

1. 变频调速基本原理

（1）变频调速系统

1）定义：把工频交流电（或直流电）变换为电压和频率可变的交流电的电气设备称为变频器。变频器的主要用途是用于交流电动机的调速控制。

2）变频器应用行业：通过对电动机的调速控制，达到节能、提高工作效率、实现自动控制等目的。在钢铁、石油、石化、化纤、纺织、机械、电力、电子、建材、煤炭、医药、造纸、注塑、卷烟、吊车、城市供水、中央空调及污水处理等行业得到普遍应用。

（2）变频器与电动机的关系（图 6-1）

1）变频器从输入端看：输入的是工频三相交流电。

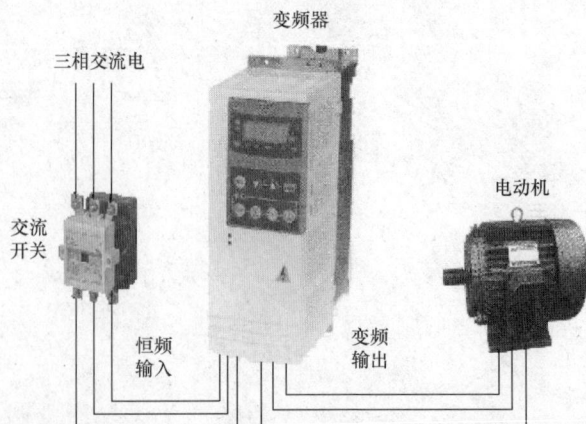

图 6-1 变频器与电动机的关系

2）从输出端看：输出的是频率和电压可调的交流电来控制电动机工作。

3）变频器是电动机和电源之间的一个中间控制环节，变频器和电动机要匹配，变频器的输出特性和功能参数必须与电动机的工作特性相吻合。

4）电动机要求：电动机要调速；在启动、制动时电流大；频率改变时电压也必须随之改变。

5）闭环控制要求：速度精度高、快速性好，控制方便。

(3) 变频调速的基本原理

变频器是利用半导体器件的通断作用将频率固定（通常为工频 50Hz）的交流电（三相或单相）变换成频率连续可调的交流电的电能控制装置。我们知道，三相交流异步电动机的转速为：

$$n = (1-s)\frac{60f_1}{p} \tag{6-1}$$

式中　f_1——电动机电源的频率（Hz）；

　　　p——电动机定子绕组的磁极对数；

　　　s——转差率。

可见，在转差率 s 变化不大的情况下，可以认为，调节电动机定子电源频率时，电动机的转速大致随之成正比变化。若均匀改变电动机电源的频率，则可以平滑地改变电动机的转速。

1）其作用如图 6-2 所示。

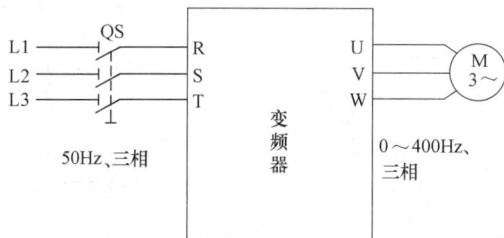

图 6-2　变频器的作用

2）其原理图如图 6-3 所示。

3）系统构成图如图 6-4 所示。

(4) 变频器的种类很多，分类方法也有多种：

1）按变换环节可分为两类：

① 交—交变频器：把频率固定的交流电直接变换成频率和电压连续可调的交流电。其主要优点是没有中间环节，故变换效率高。但连续可调的频率范围窄，一般为额定频率的 1/2 以下，主要适用于电力牵引等容量较大的低速拖动系统中。

② 交—直—交变频器：先把频率固定的交流电整流成直流电，再把直流电逆变成频率连续可调的三相交流电。由于把直流电逆变成交流电的环节较易控制，因此在频率的调节范围以及改善变频后电动机的特性等方面，都有明显优势，是目前广泛采用的变频方式。

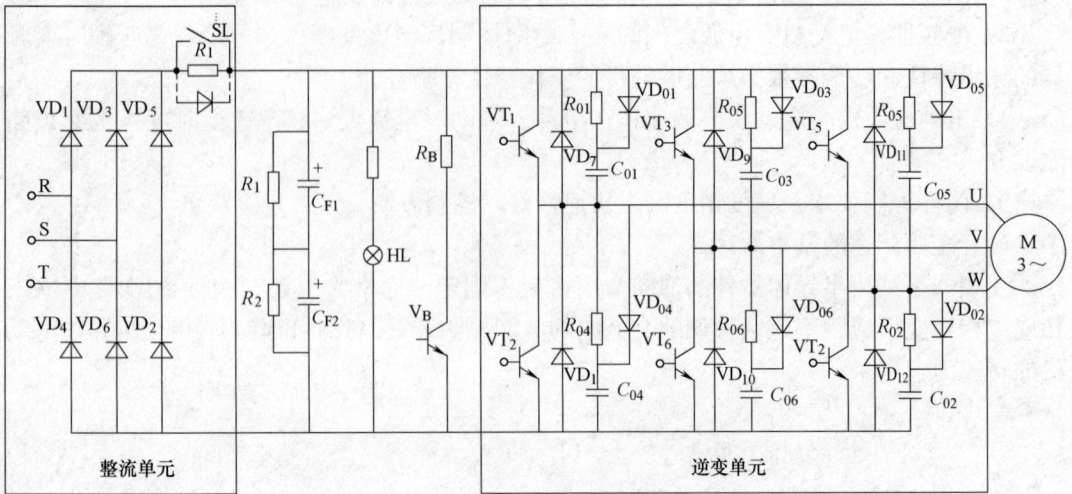

图 6-3　交-直-交变频器主电路的基本结构

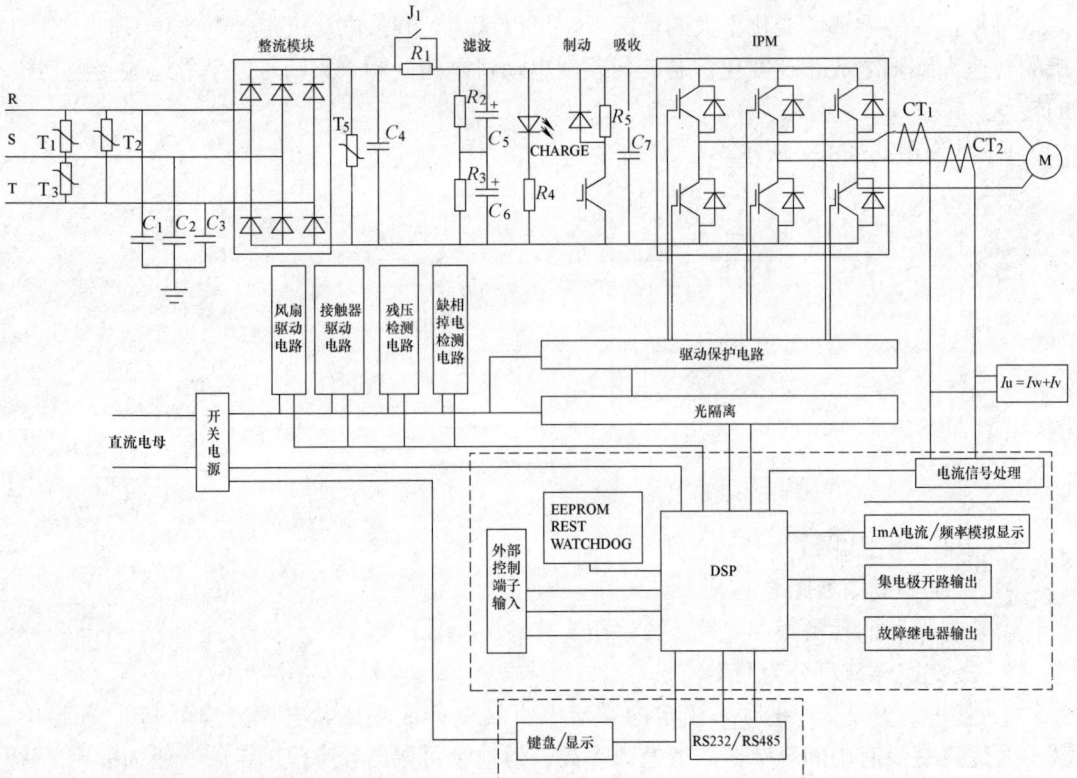

图 6-4　系统构成图

2）按直流环节的储能方式分为两类：

① 电流型变频器：直流环节的储能元件是电感线圈 L，如图 6-5（a）所示。

② 电压型变频器：直流环节的储能元件是电容器 C，如图 6-5（b）所示。

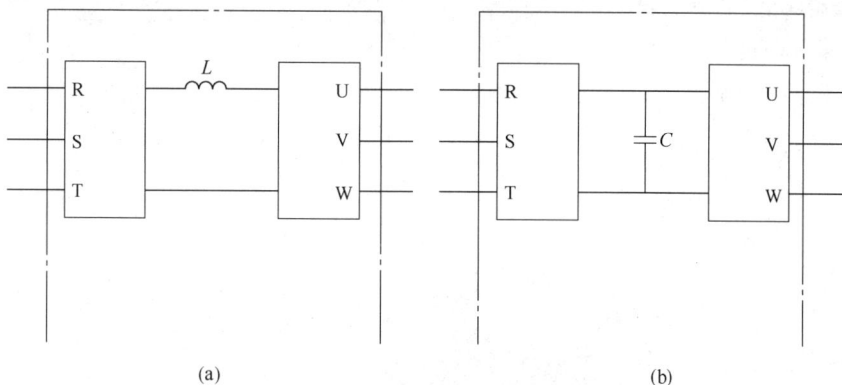

图 6-5　变频器
（a）电流型变频器；（b）电压型变频器

3）按用途可分为三类

① 通用变频器：所谓通用变频器，是指能与普通的笼型异步电动机配套使用，能适应各种不同性质的负载并具有多种可供选择功能的变频器。

② 高性能专用变频器：高性能专用变频器主要应用于对电动机的控制要求较高的系统。与通用变频器相比，高性能专用变频器大多数采用矢量控制方式，驱动对象通常是变频器厂家指定的专用电动机。

③ 高频变频器：在超精密加工和高性能机械中，常常要用到高速电动机，为了满足这些高速电动机的驱动要求，出现了采用 PAM（脉冲幅度调制，是一种在整流电路部分对输电压的幅值进行控制，而在逆变电路部分对输出频率进行控制的控制方式）控制方式的高频变频器，其输出频率可达到 3kHz。

4）按主电路工作方法分类

电压型变频器、电流型变频器。

5）按照工作原理分类

可以分为 V/f 控制变频器、转差频率控制变频器和矢量控制变频器等。

6）按照开关方式分类

可以分为 PAM 控制变频器、PWM 控制变频器和高载频 PWM 控制变频器。

7）按变频器调压方法分类

PAM 变频器是一种通过改变电压源 U_d 或电流源 I_d 的幅值进行输出控制的。PWM 变频器方式是在变频器输出波形的一个周期产生脉冲波，其等值电压为正弦波，波形较平滑。

8）按工作原理分类

U/f 控制变频器（VVVF 控制）、SF 控制变频器（转差频率控制）、VC 控制变频器（Vectory control 矢量控制）。

9）按电压等级分类

高压变频器、中压变频器、低压变频器。

2. ABB 变频器的基本结构（图6-6～图6-18）

■ 变频器由以下基本单元组成

■ 1.整流单元

■ 2.储能单元

■ 3.逆变单元

■ 4.制动单元

■ 5.控制单元

辅助电源变压器 + 熔断器

控制盘 CDP312R

电机控制和 IO板：RMIO

输入整流桥+ 压敏电阻板

制动斩波器

开关电源板

直流电容器

电流互感器

冷却风机

AC电抗器

散热器

充电电阻

主电路接口板： RINT

IGBTs+门极驱动板

EMC板(option)

空气入口

共模滤波器（可选件） 铁氧体环形滤波器

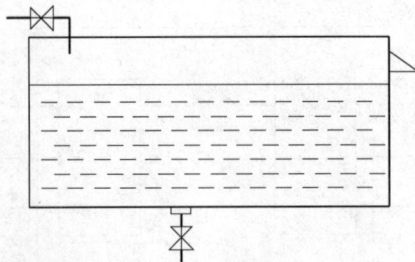

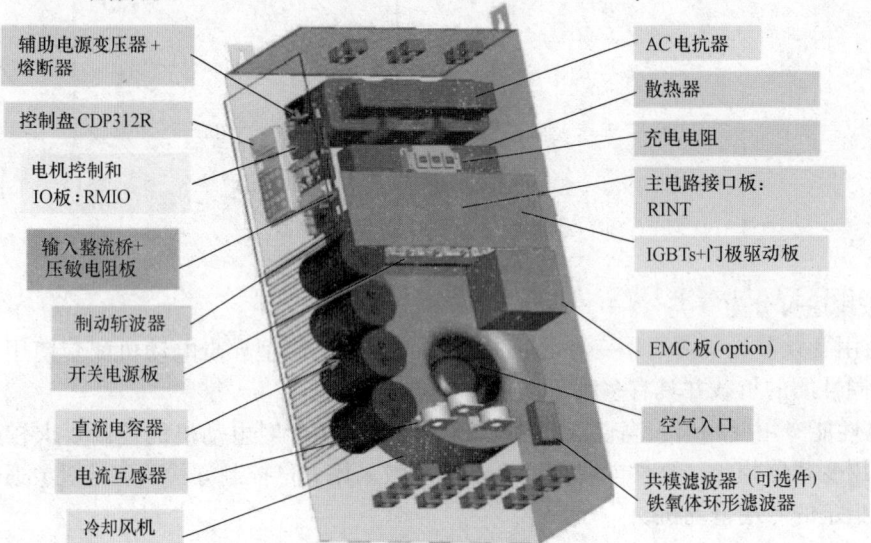

图 6-6　变频器结构图

■ 整流单元
■ 1.二极管整流　■ 3.晶闸管反向并联整流
■ 2.二极管+晶闸管整流　■ 4.IGBT整流

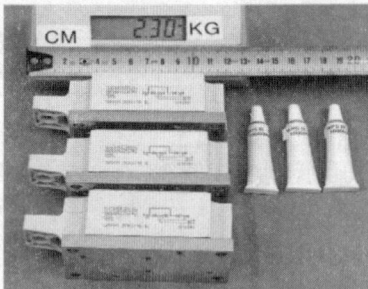

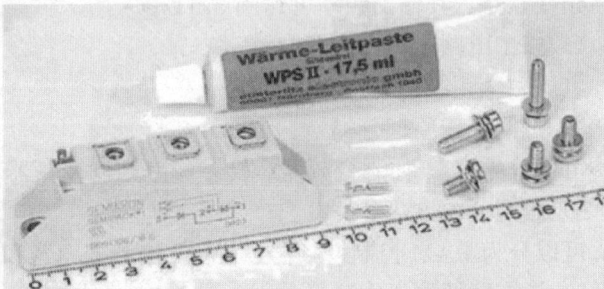

图 6-7　整流单元

储能单元
1.电容储能
2.电感储能

图 6-8　储配单元

逆变单元
IGBT

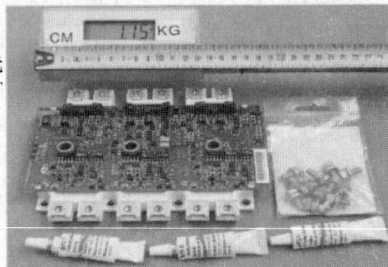

图 6-9　逆变单元

主控板
- RMIO—R2~R6
- RDCU—R7,R8

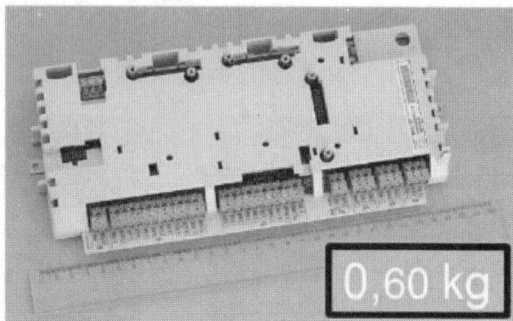

RDCU-02C或RDCU-12C

RMIO-01C或RMIO-11C

RMIO-02C或RMIO-12C

图 6-10 主控板

功率板
RINT—R2~R6

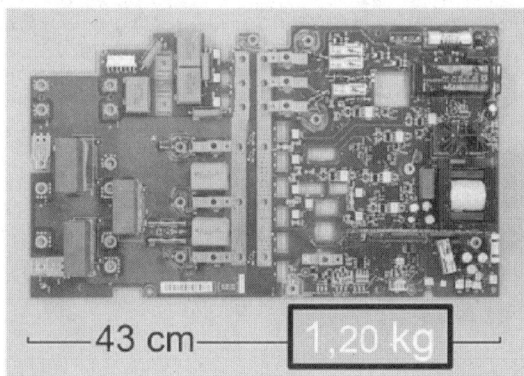

RINT5514—R5

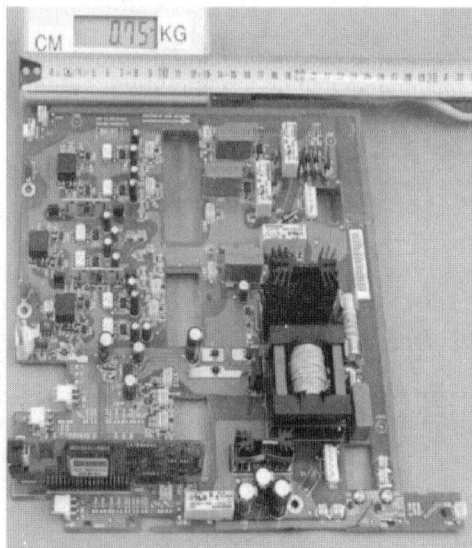

RINT6611C—R6
(现被RINT5611C组件替代)

图 6-11 功率板（一）

功率板

AINP+AINT+APOW+AGDR R7, R8

 +  +

AINP-01C　　　　　　　　AINT-02C　　　　　　　　APOW-01C

+  =RINT

AGDR-71C
电机控制和I/O板(RMIO-02C或RMIO-12C)

图 6-12　功率板（二）

数字输入
• 6路可编程
• 1固定为停车(启动互锁)
• 两组隔离

模拟I/O
• 2路电流输入
• 1双极性电压输入
• 2路电流输出
• AI电气隔离

3可编程断电器输出　　+24VDC

DDCS适配器带4
路通道
• PC连接
• 主从通讯
• 老版可选件

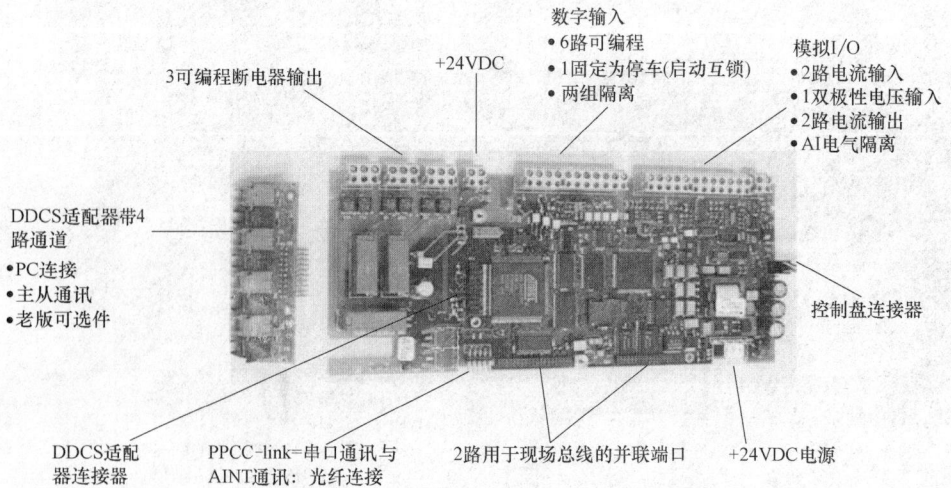

控制盘连接器

DDCS适配
器连接器

PPCC-link=串口通讯与
AINT通讯：光纤连接

2路用于现场总线的并联端口

+24VDC电源

图 6-13　电机控制和 I/O 板

- 包括传动中的所有的高压和内部测量元件
- 自动电流测量比例换算-不再需要焊接槽缝
- 给AINP和AGDR板(+ABRC板)供电
- 接地故障和短路保护
  - 可调整的接地故障电流跳闸极限
  - 接地故障检测是基于输出的三相电流
- 一种型号适用于所有ACS800-04的型号
  AINT-02(C)

ACS800-04主电路板(AINT)

图 6-14　主电路板

ACS800-04电源板(APOW)

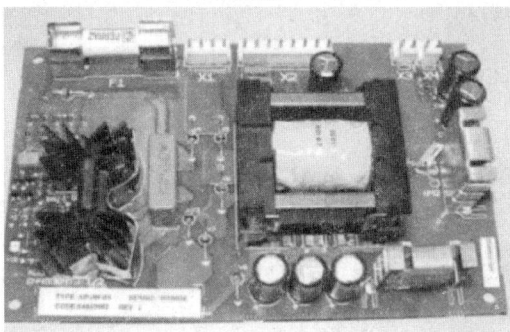

- 直接给RMIO和AINT板提供电源
- 通过AINT板间接给AINP板提供电源
- 直接与直流回路连接

图 6-15　电源板

ACS800-04输入桥控制板(AINP)

- 启动输入桥的晶闸管
- 电源来自于AINT
- 软件控制充电过程:
  - 输入桥启动,当直流母线电压达到0.7×1.35×380V
    并且电压上升的变化率小于0.01U_N/10ms

图 6-16　输入桥控制板

ACS800-04门极驱动板(AGDR)

■ 直接与IGBT模块相连
■ 门极控制、饱和反馈和温度检测都通过这块电路板

图 6-17　门板驱动板

ACS800-04输入桥保护板(AIBP)

■ 针对瞬变，保护输入桥

图 6-18　输入桥保护板

第二节　大容量变频器种类

1. 高（中）压变频调速系统的基本形式

（1）直接高—高型

直接高—高型变频调速系统的电路结构，如图 6-19 所示。

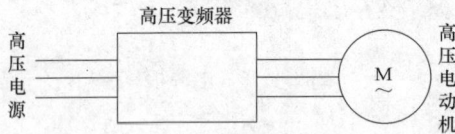

图 6-19　直接高—高型变频调速系统

（2）高—中型

高—中型变频调速系统的电路结构，如图 6-20 所示。

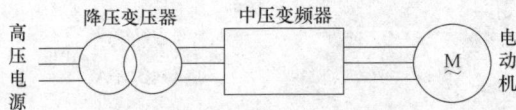

图 6-20　高—中型变频调速系统

（3）高—低—高型

高—低—高型变频调速系统的电路结构，如图 6-21 所示。

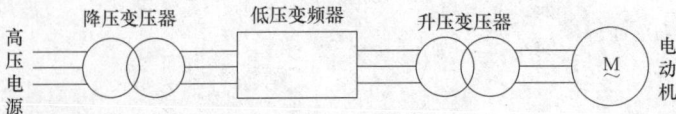

图 6-21　高—低—高型变频调速系统

2. 三电平高（中）压变频器

IGBT 三电平高压变频器的主电路如图 6-22 所示。

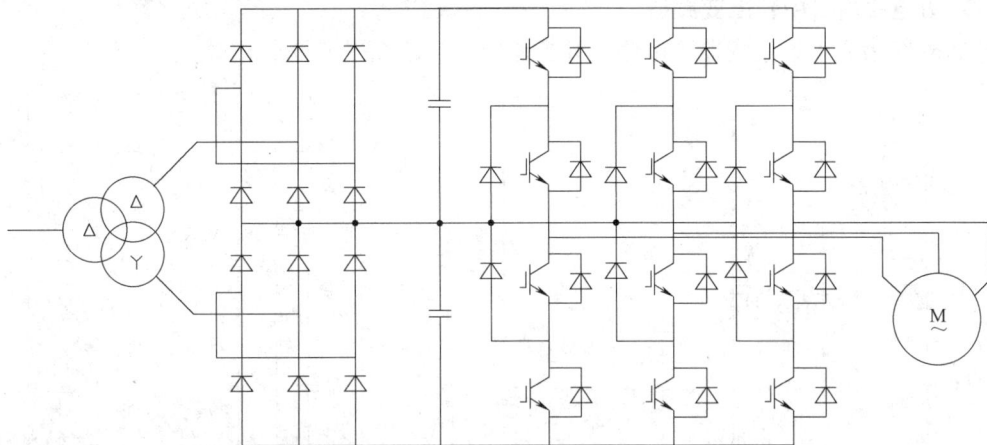

图 6-22 IGBT 三电平高（中）压变频器的主电路

变频器的整流部分由两个三相桥电路串联，输出 12 脉波的直流电压，大大减少了电网侧的谐波成分。同时，直流侧采用两个相同的电解电容串联滤波，在中间的连接处引出一条线与逆变电路中的钳位二极管相接，若将该节点视为参考点（电压为零），则加到逆变器的电平有三个：U_d、0、$-U_d$。所以逆变器部分是由 IGBT 和钳位二极管组成的三电平电压型逆变器。

表 6-1 所示为三电平逆变器输出一相电压组合。

三电平逆变器输出一相电压组合				表 6-1
VT1	VT2	VT3	VT4	输出电压
ON	ON	OFF	OFF	U_d
OFF	ON	ON	OFF	0
OFF	OFF	ON	ON	$-U_d$

图 6-23 所示为三电平变频器输出相电压、相电流波形。图中阶梯形 PWM 波为电压

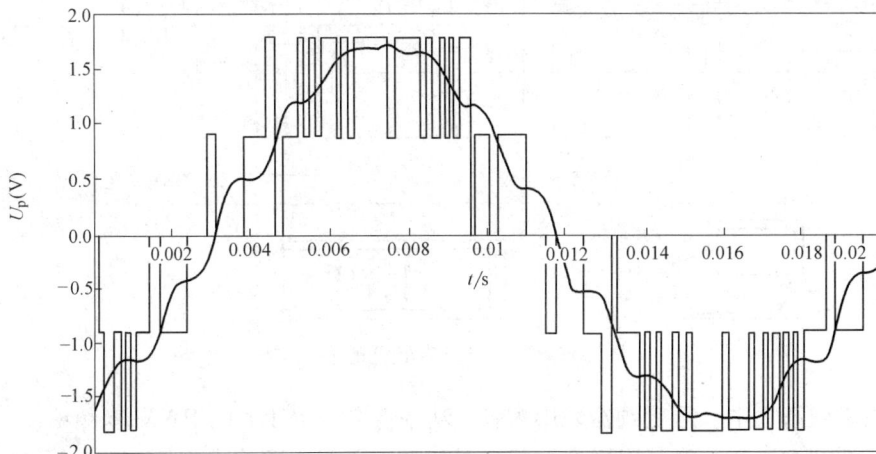

图 6-23 三电平变频器输出电压、电流波形

波形，近似正弦波为电流波形（U_d 为峰值电压）。这种变频器输出的线电压有 5 个电平，输出谐波小，du/dt 小，使电动机电流波形的失真度从 17％降低为 2％左右。

3. 五电平高（中）压变频器

图 6-24 为五电平逆变器主电路，其工作原理与三电平逆变器相似。

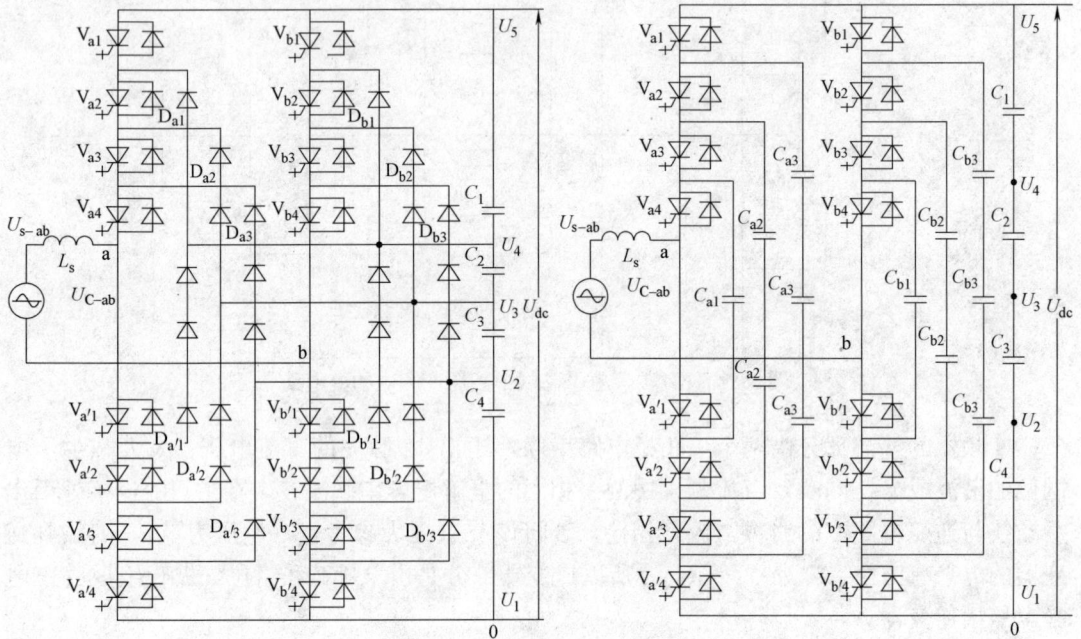

图 6-24　五电平逆变器主电路

4. IGBT 功率单元多级串联电压型变频器

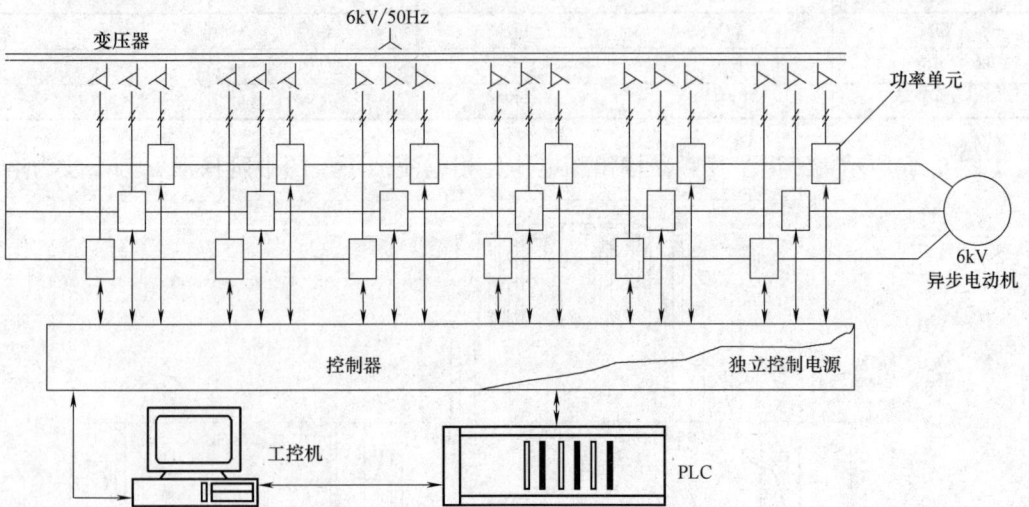

图 6-25　6kV 高压变频器的系统结构

多级串联高（中）压变频器采用多级小功率低电压 IGBT 的 PWM 变频单元，分别进行整流、滤波、逆变，将其串联叠加起来得到高压三相变频输出。例如，对于 6kV 输出，每相采用 6 组低压 IGBT 功率单元，每个功率单元由一体化的输入隔离变压器二次侧绕组分别供电，二次绕组采用延边三角形接法（图 6-25），18 个二次绕组分成三个位组，互差 20°，实现输入多重化接法，可消除各功率单元产生的谐波。电源侧电压畸变率小于 1.2%，电流畸变率小于 0.8%，因此变频器对电网污染小。

功率柜中每个功率单元分别由输入变压器的一组副边供电，功率单元之间及变压器二次绕组之间相互绝缘，二次绕组采用延边三角形接法，实现多重化，以达到降低输入谐波电流的目的。每个功率单元直接使用大功率功率器件，器件不必串联，不存在器件串联引起的均压问题，结构上完全一致，可以互换，系统为基本的单相逆变电路，整流侧为二极管三相全桥，IGBT 逆变桥的控制方式为 PWM 控制。

功率单元原理图，如图 6-26 所示。

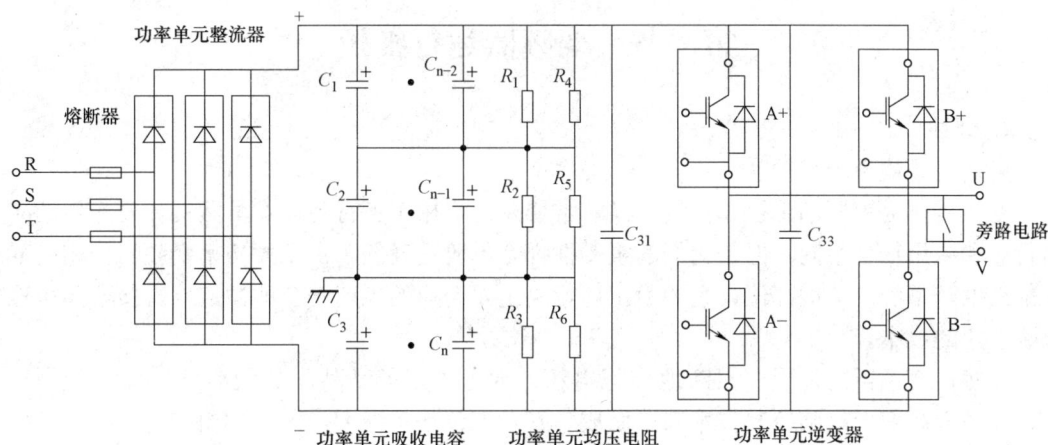

图 6-26　功率单元原理图

单元输出的 PWM 波形图，如图 6-27 所示。

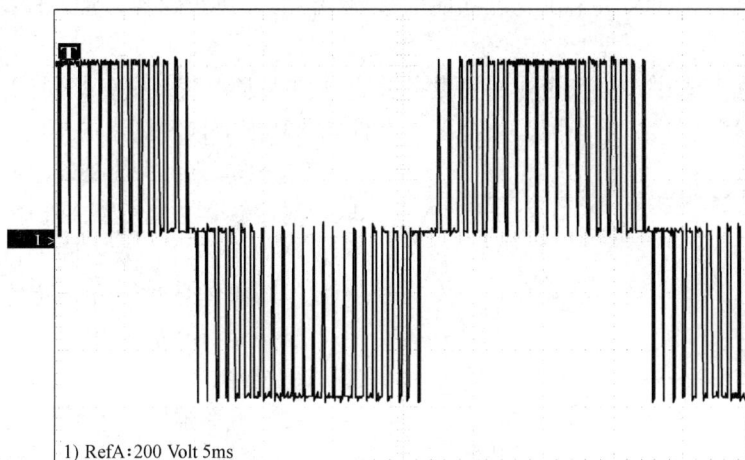

1) RefA:200 Volt 5ms

图 6-27　单元输出的 PWM 波形图

高压变频调速系统输出的相电压阶梯 PWM 波形图，如图 6-28 所示。

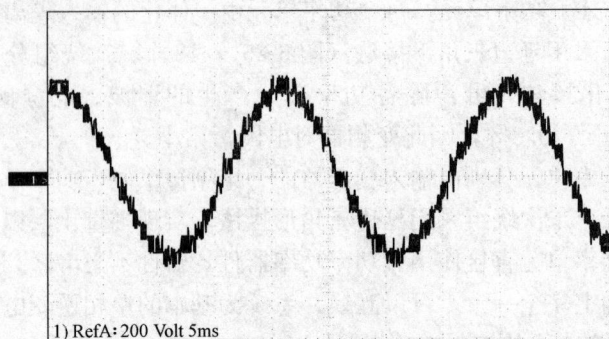

图 6-28　相电压阶梯 PWM 波形

第三节　变频器运行维护

1. 概述

（1）变频器系统维护意义：

变频器作为重要的工控设备其已经非常普遍地应用于各行各业，虽然每台变频器的应用行业和应用场合不同，但是它们的重要性都是毋庸置疑的，由于大功率变频器应用的部位都是生产系统的关键部位，它的稳定运行决定着企业的生产安全和稳定，直接或间接地影响企业的成本。

虽然，变频器的发展在不断地推陈出新，现已采用了高品质的元器件、优质新型材料，并融入高新微电脑控制技术制造而成，其功能越来越强大，可靠性相应地也得到了提高。但是，受到环境温湿度、变频器自身温度、工业粉尘、气体腐蚀、振动以及变频器内部元件老化的影响，变频器运行过程中会出现一些潜在问题，一定程度地影响变频器长期稳定地运行。所以，如果使用不当，维护不及时，就会发生故障或运行状况改变缩短设备的使用寿命。从这个意义上来讲变频器使用过程中的日常维护保养与定期检测检查就显得尤为重要。

从专业的角度来讲，生产企业中对设备稳定性要求非常高。设备长时间的连续运行，因受环境的温度、湿度、洁净度、负荷度、元件老化程度等诸多因素的影响，设备故障率也有所不同，针对以上条件影响，我们采取了对变频器进行定期维护，并针对不同的现场应用环境采取不同的维护措施，从而使设备中的各种元器件工作在最佳的状态，延长元器件的使用寿命并大大提高设备的稳定性。

（2）变频器维护的必要性与优点

1）预防性维护保养周期分析（图 6-29）：

① 存在反应元器件内部特性逐步老化的自然属性。

② 故障率随时间而迅速上升。

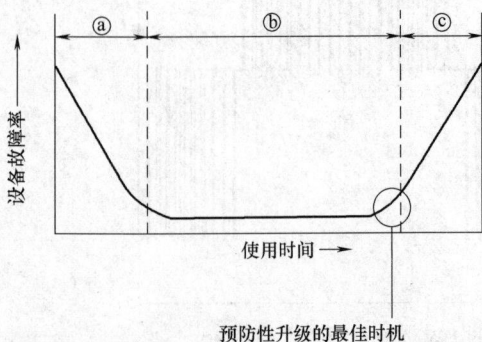

图 6-29　预防性维护保养—设备故障率澡盆曲线
ⓐ—磨合期；ⓑ—稳定期；ⓒ—衰退期

③ 元器件的生命周期即将达到尽头。

2）预防性维护保养的好处：

① 增加变频器的可靠性。

② 延长变频器的使用寿命、减少意外停机带来的损失。

③ 确保变频器处于整个寿命最优状态。

④ 维护成本和维修费用最小化。

3）预防性维护与更换计划见表 6-2、表 6-3 所列。

高压变频器运行年份参照表　　表 6-2

项目	设备运行年份																				
	0	1	2	3	4	5	6	7	8	9	10	11	12	13	14	15	16	17	18	19	20
开始使用	S																				
冷却部分																					
滤网		R	R	R	R	R	R	R	R	R	R	R	R	R	R	R	R	R	R	R	R
冷却风机		T	T	R	T	T	R	T	T	R	T	T	R	T	T	R	T	T	R	T	T
器件老化																					
UPS		T	R	T	R	T	R	T	R	T	R	T	R	T	R	T	R	T	R	T	R
电解电容		T	T	T	T	T	T	T	T	T	T	T	T	T	T	T	T	T	T	R	T
控制电路板		T	T	T	T	T	T	T	T	T	T	T	T	T	T	T	T	T	T	T	T
辅助供电电源		T	R	T	T	R	T	T	R	T	T	R	T	T	R	T	T	R	T	T	R
接线和设备环境																					
光纤电缆		T	T	T	T	T	R	T	T	T	T	T	T	T	R	T	T	T	T	T	T
电缆连接		T	T	T	T	T	T	T	T	T	T	T	T	T	T	T	T	T	T	T	T
灰尘腐蚀及温度		T	T	T	T	T	T	T	T	T	T	T	T	T	T	T	T	T	T	T	T
升级改进																					
软件升级		T	T	T	T	T	T	T	T	T	T	T	T	T	T	T	T	T	T	T	T
硬件升级		T	T	T	T	T	T	T	T	T	T	T	T	T	T	T	T	T	T	T	T
测量																					
电气绝缘测量		S	S	S	S	S	S	S	S	S	S	S	S	S	S	S	S	S	S	S	S
带电基本测量		S	S	S	S	S	S	S	S	S	S	S	S	S	S	S	S	S	S	S	S
备件																					
备件		T	T	T	T	T	T	T	T	T	T	T	T	T	T	T	T	T	T	T	T

注：R 表示元器件更换；

　T 表示检查（可视检查，根据检查结果作必要的修改和替换）；

　S 表示进行现场工作（调试、测试、测量等）。

低压变频器运行年份参照表　　　　　　　　　　表 6-3

项目	启用以来使用年份																					
	0	1	2	3	4	5	6	7	8	9	10	11	12	13	14	15	16	17	18	19	20	21
启动	P																					
冷却																						
风冷单元:																						
➢ 用于下列型号的内部/附加冷却风机 ACS800-01/-11/-31、104,IP21 及 IP55	I	I	R	I	I	R	I	I	R	I	I	R	I	I	R	I	I	R	I	I	R	I
➢ 冷却风机(ACS800-01/-02/-04/-07/-11/-17/-31/-37-104/DSU)	I	I	I	I	I	R	I	I	I	I	I	R	I	I	I	I	I	R	I	I	I	I
➢ 用于 TSU 的冷却风机	I	I	R	I	I	R	I	I	R	I	I	R	I	I	R	I	I	R	I	I	R	I
➢ 壳体延长冷却风机(ACS800-02)	I	I	R	I	I	R	I	I	R	I	I	R	I	I	R	I	I	R	I	I	R	I
➢ 机柜内置的额外冷却风机(ACS800-x7,ACS800 md)	I	I	I	I	I	I	I	I	I	I	I	I	I	I	I	I	I	I	I	I	I	I
➢ 柜顶放置的额外 IP54 冷却风机(ACS800-07,ACS800 md)	I	I	I	I	I	I	I	I	I	I	I	I	I	I	I	I	I	I	I	I	I	I
液冷单元:																						
➢ 冷却风机	I	I	I	I	R	I	I	I	I	I	R	I	I	I	I	I	R	I	I	I	I	I
➢ 添加冷却剂抑制剂	I	P	I	P	I	P	I	P	I	P	I	P	I	P	I	P	I	P	I	P	I	P
➢ 热交换器	I	I	I	I	I	I	I	I	I	I	I	I	I	I	I	I	I	I	I	I	I	I
➢ 冷却水泵	I	I	I	I	I	I	I	I	I	I	I	I	I	I	I	I	I	I	I	I	I	I
➢ 冷却水管连接	I	I	I	I	I	I	I	I	I	I	I	I	I	I	I	I	I	I	I	I	I	I
老化																						
➢ 电解电容器(直流电路)										R									R			
➢ APBU-xx 单元中的内存备份电池更换	I	I	I	I	I	R	I	I	I	I	I	R	I	I	I	I	I	R	I	I	I	I
连接及环境情况																						
➢ AINT＋扁平电缆										R									R			
➢ 端子紧固							I						I						I			
➢ 变频器模块的快速连接器(ACS800-x7/及 ACS800 md)				I				I				I				I			I			I
➢ 柜门过滤网(IP20…42)	I	I	I	I	I	I	I	I	I	I	I	I	I	I	I	I	I	I	I	I	I	I
➢ 柜门过滤网(IP42 以上)	R	R	R	R	R	R	R	R	R	R	R	R	R	R	R	R	R	R	R	R	R	R
➢ 接触器状况							I						I						I			I
➢ 光缆(连接)							I						I						I			I
➢ 灰尘、腐蚀及温度	I	I	I	I	I	I	I	I	I	I	I	I	I	I	I	I	I	I	I	I	I	I
➢ 供电电压质量	I	I	I	I	I	I	I	I	I	I	I	I	I	I	I	I	I	I	I	I	I	I
改进																						
➢ 基于产品说明进行	I	I	I	I	I	I	I	I	I	I	I	I	I	I	I	I	I	I	I	I	I	I
测量																						
➢ 使用供电电压进行基本测量	P	P	P	P	P	P	P	P	P	P	P	P	P	P	P	P	P	P	P	P	P	P
备件																						
➢ 备件	I	I	I	I	I	I	I	I	I	I	I	I	I	I	I	I	I	I	I	I	I	I
➢ 直流电路电容器重整	P	P	P	P	P	P	P	P	P	P	P	P	P	P	P	P	P	P	P	P	P	P

注：所建议的服务周期及部件更换是基于变频器厂家规定的运行环境的，我们建议每年进行变频器检查，以确保最高可能性及最佳可能性。

图例：

R——更换部件（在额定负载及环境条件下）；

I——检查（目测，根据需求改进）；

P——现场工作的表现情况（启动、测试、测量等）。

① 变频器是一台主要由半导体器件构成的静止设备。为了避免由高温、湿度、尘埃、强烈振动、元器件损坏等引起故障，必须执行定期的检查。

② 随着时间的推移，变频器部件老化，部件或系统故障的概率将与时增加。这些故障经常导致昂贵的被动性维护及生产损失，同时会导致继发的损害。企业应预先采取措施以避免这类事件的发生。减少意外停机产生的损失。

③ 电气元器件的寿命不同，及时更换到寿命的元器件（风机、电容、排线）可以延长整机使用寿命。

④ 及时发现存有质量隐患的元器件，排除故障隐患。

⑤ 及时专业地清除污垢粉尘以免设备高温运行导致加速老化及发生短路故障。

⑥ 及时发现并调整最优运行参数。

⑦ 每台设备维护后，出具设备检测报告，使管理者直观了解每台设备使用情况。

⑧ 通常传动电气设备维护应贯彻"预防性为主"的原则，把传动电气设备故障消灭在萌芽状态，及时排查部分接插件的松动、局部腐蚀、元器件老化等。降低故障率，延长传动设备的使用寿命及维修周期，保证电气设备的稳定安全运行，定期预防性维护会为生产保驾护航。

注：结合变频器厂家的维护计划有助于延长设备的使用并最终过渡到新产品，使得投资得到最大回报，减少机器重复投资。

2. 预防性维护达到的效果及目的

运行周期与生命周期，如图 6-30 所示。

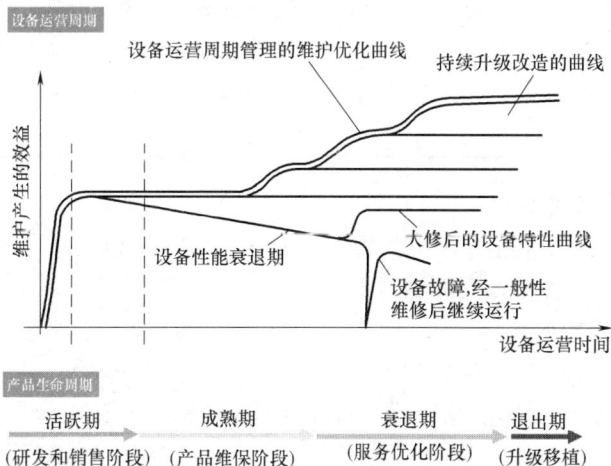

图 6-30 设备运行周期与生命周期

（1）对设备故障隐患提前预见并消除。保障设备运行的安全性、稳定性，确保故障率大大降低，设备使用寿命得到有效延长。

（2）使得设备使用价值最大化利用。确保设备维修、维护保养成本的可控。

（3）通过专业维护降低设备故障率，减少不可预见故障的发生，提高生产计划性、生产效率与安全性。

（4）通过定期保养延长设备使用寿命，减少备机备件的资金投入，降低设备使用成本。

3. 变频器日常管理措施

（1）日常管理，见表 6-4。

日常管理　　　　　　　　　　　　　　　　　表 6-4

日常检查项目	日常清洁	定期检查项目
电机运行中是否产生了振动	应始终保持变频器处于清洁状态	检查风道，定期清洁
电机运行中是否发生异常变化	有效清除变频器上的灰尘，防止积尘进入变频器内部	检查接线端子是否有拉弧痕迹
变频器是否过热	有效清除变频器散热风扇的油污	检查螺栓是否松动
变频器安装环境是否发生变化	定期清洁	检查变频器是否受到腐蚀
变频器散热风扇是否正常工作	定期清洁	检查风扇风速、轴承是否有振动

其次，为了保证变频器可靠运行，除定期保养和维护以外，还要对机内长期承受机械磨损的器件—所有冷却用的风扇和用于能量储存与交换的主回路滤波电容以及印刷电路板等进行定期更换。

（2）更换易损件，见表 6-5。

更换易损件　　　　　　　　　　　　　　　　表 6-5

器件名称	使用寿命	损坏原因
模块	根据环境	负载异常、脉冲传递通路不良
驱动板	根据环境	三相输出不平衡、IGBT 逆变模块损坏
滤波电解电容	4～5 年	输入电源品质差、频繁地负载跳变、电解质老化、环境温度较高
冷却风扇	2～3 年	轴承磨损、叶片老化
印刷电路板	5～8 年	电源短路

（3）变频器的存放和保管：

变频器应该按照标准规范放置在无潮、无灰尘、无金属粉尘及通风良好的场所，不可随意实施耐压试验，它将导致变频器寿命降低。

4. 高压变频器维护内容

（1）设备台账、运行环境检查

1）对电气室整体环境评估及建议，对现场温湿度检查并提出合理化建议。

2）对现有设备上在线高、低压变频器及已有备品备件进行常规建档。

3）合理配置设备并定期检测检查，确保设备、备品处于良好状态。

4）建立设备维护维修记录档案以及状态评估档案。

5）每季度巡检并记录设备运行情况。

（2）参数历史记录检查与分析

1）检查设备监视器历史参数，分析有无不合理参数设置。

2）检查电动机等输出设备配置参数。

3）检查设备历史故障记录，分析对设备运行存在重大隐患的故障记录（如存在此类故障）。

（3）设备维护与性能损耗检测

对变频器进行系统检查，排除已有或存在的隐患。同时使用专业工具对变频器柜体内电路板、IGBT、整流桥、电容、电源系统、母线电缆等进行深度清洁及损耗性能测试。

1）主变压器检查并对输出侧测试。

2）控制系统通信性能检查。

3）光纤回路光信号传输测试。

4）开关电源检查。

5）低压及控制电缆磨损、老化及屏蔽检查并处理。

6）功率电缆的磨损、老化及屏蔽检查并处理。

7）柜内放电及过热点检查并处理。

8）功率模块对地绝缘测试。

9）功率模块熔芯外观检查及测试。

10）所有板件深度检测及焊接点检查。

11）对功率单元内的功率器件进行清洗。

12）功率模块预充电检测。

13）功率模块缺相、过压、欠压故障测试。

14）功率模块通信状况检测。

15）电流霍尔检查及测试。

16）电解电容检查。

17）光纤座与光纤头检查。

18）柜门上行程开关检测及轻故障排除。

（4）设备电气连接检查与紧固

1）电网侧和功率单元输出侧的电缆连接检查与紧固。

2）变频器的母排紧固螺栓检查与紧固。

3）接地导轨连接检查与紧固。

4）检查电气回路是否接触良好，是否紧固到位。

（5）变频器冷却系统检查与测试、维护

1）温控仪设定值检查与连锁功能测试。

2）冷却风机（含柜顶及柜底）供电回路检查与测试。

3）冷却风机（含柜顶及柜底）风量测试及清灰。

4）柜门空气过滤网检查与清洁。

（6）备件、备用电路板检测

1）针对含有电解电容的电路板，如达到使用年限，提出更换建议。

2）检查现场备品备件的完好情况，如有故障，提出维修或更换建议。

（7）设备及功率模块半导体元件性能及损耗测试

1）IGBT 的极性导通及管压降测试，排除存在隐患的 IGBT。

2）整流桥极性导通及管压降测试，排除存在隐患的整流桥。

3）设备、变压器、电动机的绝缘测试。

（8）功率单元输出波形检测

1）使用示波器测量设备内每个功率单元的输出情况。

2）保存正常功率单元输出波形及异常单元输出波形（如存在），并将波形图放入最终维护报告内。

（9）控制柜的维护

1）主控板、信号调整板等清灰、检查。

2）板级焊接点及元器板件接口点检查。

3）主控箱及风扇清灰检查。

4）主控箱与I/O接口板、人机界面之间的通信检查。

5）主控箱输入、输出、模拟量点的检查。

6）主控箱与光纤通信板之间检查。

7）I/O接口板开关量、模拟量模块检查。

（10）变压器的维护

1）变压器柜体及滤网清灰。

2）变压器一、二次线圈检查。

3）变压器清灰及干燥处理。

4）分压电阻检查。

5）航空插头检查。

6）变压器柜柜底及柜顶风机检查。

7）电流互感器检查。

8）限压板检查。

9）变压器柜门温控仪检查。

10）变压器柜门上行程开关检查。

11）变压器高、低压之间绝缘检查，不小于$100M\Omega$。

12）变压器高、低压与柜体的接地部件之间绝缘检查，不小于$100M\Omega$。

13）变压器柜、旁路柜高压接线端子与柜体的接地部件之间绝缘检查，不小于$100M\Omega$。

14）分压电阻（一次）与柜体的接地部件之间绝缘检查，不小于$100M\Omega$。

15）过电压保护器与柜体的接地部件之间绝缘检查，不小于$100M\Omega$。

（11）试车

在维护工作完成后，注意检查：

1）所有电缆都合适地连接好。

2）变频器柜、变压器柜内无异物。

3）所有设备盖板已盖好。

4）设备接地装置已拆除。

5）电机和工艺启动流程正常。

6）控制电模拟测试。

7）高压电空载测试。

8）高压电带电机测试。

9）高压电带负载测试。

10）对试车时设备输出状况进行监测并记录，最终结果列入维护报告内。

5. 高压变频器故障维修：

高压变频器故障及解决办法

表 6-6

故障显示	故障原因	解决办法	备注
单元直流回路过电压	1. 输入的高压电源正向波动超过允许值； 2. 减速时过电压； 3. 单元控制板过压检测电路故障	1. 如果长期电压偏高，请将进线整理变压器连接组别调整到＋5％档位； 2. 适当加大变频器的减速时间设定值； 3. 更换单元控制板	变频器输入电压正向波动值最大为＋15％
单元直流回路欠电压	1. 输入的高压电源负向波动超过允许值； 2. 高压开关是否掉闸； 3. 整流变压器副边是否短路； 4. 单元控制板欠压检测电路故障； 5. 整流桥损坏导致直流母线电压过低	1. 如果是短时电网电压下降造成变频器欠压保护动作，将控制程序升级至 202 以上，该版本的控制程序增加欠压 20s 延时； 2. 检查高压开关和整流变压器； 3. 更换单元控制板； 4. 更换整流桥	变频器输入电压负向波动值最大为－35％； 高压掉电不报故障
单元过热	1. 环境温度超过允许值，检验空调是否损坏； 2. 单元柜风机不能正常工作； 3. 进风口和出风口不够畅通； 4. 装置长时间过载运行； 5. 功率单元温度继电器损坏； 6. 单元控制板过热检测电路故障； 7. 海拔超过 1000m，散热能力下降	1. 解决通风散热问题； 2. 更换故障风机； 3. 更换柜门滤网； 4. 考虑将电机转入工频运行； 5. 更换故障温度继电器； 6. 更换单元控制板； 7. 增加散热系统排风量	1. 变频器运行的环境温度要求为 0～40℃； 2. 变频器在尘土较大环境中运行时，请经常清理柜门防尘罩灰尘。如果环境温度超过允许值，用户最好配置空调和通风设备
单元缺相	1. 输入高压开关掉闸； 2. 整流变压器副边短路； 3. 接线螺栓未紧固； 4. 功率单元三相进线松动； 5. 功率单元三相进线熔断器损坏； 6. 单元控制板缺相检测电路故障	1. 检查高压开关、整流变压器、接线螺栓、功率单元三相进线； 2. 更换功率单元熔断器； 3. 更换单元控制板	
驱动故障	1. IGBT 损坏； 2. 可控硅损坏； 3. 驱动板损坏； 4. 单元控制板损坏； 5. 变频器过流； 6. 输出螺栓断裂； 7. 飞车启动参数设置不合理	1. 测量 IGBT、可控硅是否损坏； 2. 更换驱动板、单元控制板； 3. 更换功率模块； 4. 避免变频器过流； 5. 合理设置参数	

故障显示	故障原因	解决办法	备注
单元光纤通信故障	1. 功率单元控制电源工作不正常(正常时,L1绿色指示灯发光); 2. 功率单元以及控制器的光纤连接头脱落; 3. 光纤是否折断、破损; 4. 单元控制板损坏; 5. 控制器光纤板损坏; 6. 高压掉电	1. 更换单元控制板; 2. 更换光纤; 3. 更换控制器光纤板; 4. 更换功率单元	
电源故障			单旁系统中,单元控制板电源故障已被定义为轻微过压
巡检故障		1. 若三相都显示同一位置巡检故障,检查主控箱和模块光纤头有无松动或脱落; 2. 若故障栏全部显示巡检故障用排除法检查某块光纤板故障	
控制器不就绪	1. 控制器自检不能通过; 2. 控制器电源板损坏; 3. 控制器信号接口板损坏; 4. 控制器未接到就绪指令	1. 重新设定变频器参数,再次复位系统尝试; 2. 如果仍不能排除,检查电路板之间的连接是否可靠,控制器到PLC的配线是否松动; 3. 更换单片机控制板; 4. 更换信号调整板; 5. 更换电源板; 6. 更换主控板	1. 正常情况下,控制器主控板的"RUN"指示灯应处于有规律的闪动状态,如果常明或常暗,或不规律闪动,则主控板存在问题; 2. 在上高压电的初始几秒钟或断高压电后的几分钟内,由于控制器处于被复位的状态,报告"控制器不就绪"为正常现象,过这段时间后应可以自行解除; 3. 嵌入式工控机可退出界面重新进入
控制器无响应	1. 控制器故障或者处于被复位状态时,会出现控制器无响应; 2. 主控板损坏; 3. 人机界面通信接口损坏; 4. PLC通信口损坏	1. 检查所有控制板是否插装到位; 2. 电源板所有指示灯是否全亮,主板"POWER"指示灯是否发光,"RUN"指示灯是否处于闪烁状态; 3. 连接到主控板的RS485插头是否松动或脱落; 4. 更换主板; 5. 更换人机界面; 6. 更换PLC	嵌入式人机界面显示"正在连接"
PLC无响应	1. 通信线松动; 2. PLC处于"STOP"位置; 3. 监控与PLC程序不匹配; 4. 通信接口板损坏; 5. PLC通信口损坏	1. 将PLC打到"RUN"位置; 2. 针对88.exe监控的PLC程序不能与2004监控程序混用(因为通信方式改为RS422); 3. 更换通信接口板; 4. 更换PLC	

续表

故障显示	故障原因	解决办法	备注
系统故障	1. 模块中故障; 2. 系统过流		有些系统会延时报欠压
内部通信故障	1. 主控板与信号调整板通信不上; 2. 电源板干扰; 3. 主控板 DALLS(IC3)不能写入参数	1. 更换主控板; 2. 更换主控板与信号调整板	
电机过载			
电机过流			
变频器过载	1. 输出电流显示值超过额定值150%; 2. 电机真正过载	炉膛负压偏大时启动	
变频器过流	1. 过流参数未设置或不正确; 2. 主控板电位器 U_0 过低,信号调整板 R_{43}、R_{44} 与过流计算公式不符(同旁);信号调整板 J1、J2 阻值过小(单旁); 3. 输出电流显示不准; 4. 风机转动时启动	1. 单旁系统过流保护参数为680; 2. 同旁系统由公式算出,根据计算结果设定参数及调整主控板 U_0; 3. 校正电流比例系数; 4. 人工制动电机后再启动	
变压器轻度过热	风机(包括柜底柜顶)不转或发转	1. 更换风机; 2. 更正风机转向	
变压器严重过热	温控仪测量温度大于其设置的跳闸温度	1. 检查温度; 2. 检查温探仪的超温报警值	
单元柜风机故障	1. 风机开关损坏; 2. 风机无风压开关 PLC 故障点存在; 3. 风机损坏	1. 更换风机开关; 2. 更换风机	2005 年以后出厂产品无风压报警
单元模块旁路轻故障	1. 欠压; 2. 过热; 3. 缺相; 4. 缺驱动		
单元模块重故障,跳闸	1. 线路有破损; 2. 过压		有的驱动故障不能旁路导通
中值电压保护	1. 减速时间快; 2. 电网电压偏高	1. 优化加减速时间; 2. 调节变压器抽头	
温度巡检仪故障	显示"OP"	温度传感器开路	

6. 低压变频器深度维护内容:

（1）变频器台账记录及参数检查:

1）对每台变频器进行详细跟踪登记。

2）记录型号、规格、序列号、变频器柜及本体的配置结构。

3）故障记录检查。

4）变频器维修记录登记。

5）参数备份。

（2）部件维护检测：

1）变频柜整体状况检查并解体维护。

2）传功本体进行整机解体维护。

3）温、湿度检查。

4）本体内部散热通道、滤网及柜顶散热部分检查及清理。

5）风扇运转检查。

6）功率模块紧固检查。

7）电路板腐蚀老化件检查。

8）内部接线检查：

① 检查急停及防误启动装置的接线是否完好。

② 检查变频器进/出装置老化状态，如问题严重及时汇报更换。

③ 检查铜排是否有腐蚀现象。

④ 检查柜内接线是否牢固、腐蚀。

⑤ 检查光纤接头座是否有隐患，并进行清洁。

⑥ 光纤光率检查测试并进行登记写进报告。

（3）静态检量：

1）整流桥静态测量（上半桥，下半桥）。

2）IGBT 静态测量（上半桥，下半桥）。

（4）功能检测：

1）变频器熔断器部件检测。

2）柜内开关检测。

3）充电回路、充电电阻、二极管检查。

4）直流电容、直流母线充放电检查。

5）风机启动电容容量检查。

6）整流触发角测量。

7）功率板触发角测量。

8）IGBT 触发角测量。

（5）绝缘检测：

1）变频器本体柜接地绝缘检测并记录。

2）电机绝缘检测并记录。

3）电缆绝缘检测并记录。

（6）控制盘检测：

1）控制盘显示面板检测。

2）控制盘按键检测。

（7）运行测试：

1）所有电缆都合适地连接好。

2）变频器内无异物。

3）所有设备盖板已盖好。

4）设备接地装置已拆除。

5）电机和工艺启动流程正常。

6）上电空载测试。

7）上电带负载测试。

（8）对变频器维护、静态测试、带载测试的输出状况进行监测并记录，最终结果列入维护报告内。低压变频器常见故障维修，见表6-7。

低压变频器常见故障维修　　　　　　　　表6-7

故障代码	故障描述	故障原因	检查措施
1	过电流	变频器检测到电机电缆存在过大电流（$>4\times I_n$）： 1. 突加重载； 2. 电机电缆短路； 3. 电机不合适	1. 检查负载； 2. 检查电机规格； 3. 检查电缆
2	过电压	变频器内部直流母线电压超出了规定值： 1. 减速时间过短； 2. 设备受到很高的过压峰值影响	延长减速时间
3	接地故障	电机检测发现电机相电流之和不为零：电机或电缆绝缘无效	检查电机电缆
8	系统故障	1. 元件失效； 2. 误操作	故障复位,重新启动
9	欠电压	支流母线电压下降到了规定的电压极限以下： 1. 最常见的原因是：电源电压过低； 2. 变频器内部故障	若为暂时的电源中断,可复位后重新启动。检查设备输入,若设备电源正常,则说明发生内部故障
11	输出相监控	电流检测发现电机有一相无电流	检查电机电缆和电机
13	变频器温度过低	散热器温度低于-10℃	
14	变频器过热	1. 散热器温度超过90℃； 2. 若散热器温度超过85℃,则会出现过温报警	1. 检查冷却气流的流量； 2. 检查散热器是否不干净； 3. 检查环境温度,确保相对于环境温度和电机负载,波频率没有过高
15	电机失速	电机失速保护跳闸	检查电机
16	电机过热	变频器由电机温度模型检测出电机过热,电机过载	减少电机负载。若电机没有过热则检查温度模型参数
17	电机欠载	电机欠载保护跳闸	
24	计数器故障	计数器的显示值错误	
25	微处理器看门狗故障	1. 误操作； 2. 元件失效	对故障复位后,重新启动

续表

故障代码	故障描述	故障原因	检查措施
29	热敏电阻故障	选件卡的热敏电阻输入检测出电机温升	1. 检查电机冷却和负载; 2. 检查热敏电阻连接
34	内部总线通信	周围环境干扰或硬件缺陷	对故障复位后,重新启动
39	装置移除	选件卡移除或驱动装置移除	复位
41	IGBT 温度	IGBT 逆变桥的过温保护检查出一个很高的电机电流	1. 检查负载; 2. 检查电机规格
44	装置变更	选件卡变更; 选件卡采用默认设置	复位
45	新增装置	选件卡增加	复位
50	模拟输入 I_{in}<4mA(所选信号范围 4～20mA)	模拟输入 I_{in}<4mA: 1. 控制电缆损坏或脱开; 2. 信号源故障	检查电流回路
51	外部故障	数字输入故障。数字输入端被设置作为外部故障输入,且该输入端被激活	检查程序设置,通过外部故障信息指明故障设备。同时检查该设备电缆
52	面板通信故障	控制面板与变频器之间的连接被中断	检查面板连接,采用电缆连接时,应同时对电缆进行检查
53	总线故障	总线系统主机和总线板之间的数据连接中断	检查安装
54	插槽故障	选件卡或插槽缺陷	检查选件卡或插槽

第七章

水厂通用机械设备维护

　　水厂生产运行过程中涉及的机械设备众多，每一台设备都是处理工艺线正常稳定运行不可或缺的一部分。因此，了解水厂机械设备、如何确保机械设备的良好稳定运行非常重要。本章以真空泵、鼓风机、起重设备以及阀门为典型的水厂通用机械设备，主要介绍了上述机械设备的常见类型、工作原理、基本构造、性能以及运行维护等内容。

第一节　真空泵原理及运行维护

1. 真空泵的定义与常用类型

　　利用机械、物理、化学或物理化学方法对容器进行抽气，以获得真空的机器或器械，都叫做真空泵。真空泵的优点是：水泵启动快、工作可靠、易于实现自动控制，因此在水厂的取水、送水以及冲洗系统中作为水泵的辅助设备被广泛运用，真空泵的种类很多，有机械真空泵、喷射真空泵、物理化学吸附泵等。水厂采用最多的是水环式真空泵。

　　（1）水环式真空泵的构造与工作原理

　　1）构造：水环式真空泵由星状叶轮、旋转水环、进气口、排气口、进气管和排气管组成（图7-1）。

　　2）工作原理：水环式真空泵在启动前，泵内灌入一定量的水，叶轮偏心安装在泵壳内，当叶轮旋转时，由于离心力的作用，将水甩向四周而形成一个旋转水环，水环上部的内表面与泵壳相切，沿顺时针方向旋转的叶轮，在前半转的过程中，水环内表面渐渐与泵壳远离，各叶片间形成的空间渐渐增加，压力随之降低，空气被从进气管和进气口吸

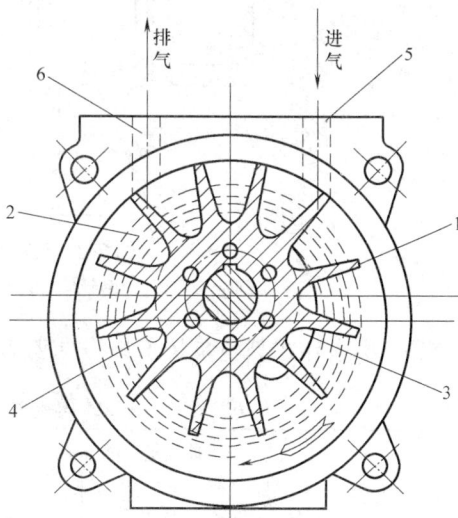

图7-1　水环式真空泵结构构造图
1—星状叶轮；2—旋转水环；3—进气口；
4—排气口；5—进气管；6—排气管

入泵内。当叶轮旋转至后半转的过程中，水环的内表面又渐渐地与泵壳接近，各叶片间形成的空间减小，压力随之升高，空气从排气口和排气管排出，叶轮不断旋转，真空泵就不断吸气和排气。

（2）水厂常用的水环式真空泵类型

水厂常用的水环式真空泵型号有 SZ 型和 SZB 型两种，型号含义：S——水环式；Z——真空泵；B——悬臂式。

1）SZ 型水环式真空泵

SZ 系列水环式真空泵的结构主要由滚珠轴承架、转子部分、后盖、前盖、泵体等机件组成，SZ-1 型如图 7-2 所示。水环式真空泵的基本结构是：泵整个转子部分 3 偏心地装在泵体 6 内，在转动时形成吸入与排出两个工作腔。泵体的两侧装有后盖 4、前盖 5，保证叶轮与两盖的间隙。为了防止漏气，采用填料密封并通过水封管供给干净的冷水。

两端支承采用滚动轴承，并能保证开车后叶轮与侧盖的间隙不发生变动。泵由电动机端看去为顺时针方向旋转。

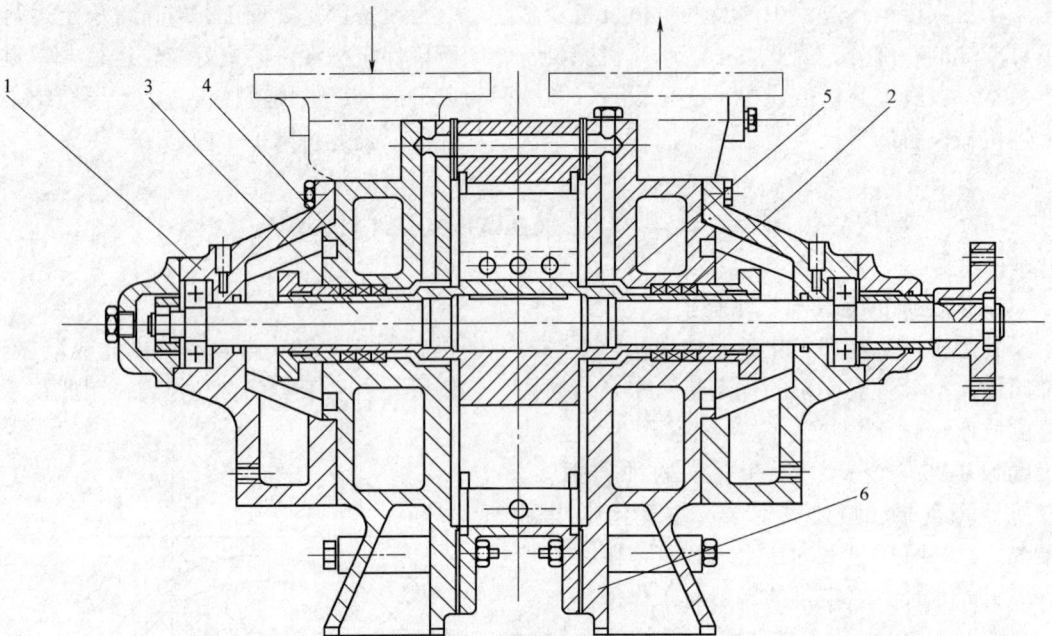

图 7-2　SZ-1 水环式真空泵结构图

1—滚珠轴承架；2—密封填料；3—转子部分；4—后盖；5—前盖；6—泵体

SZ-1 型水环式真空泵技术规格见表 7-1 所列。

SZ 型水环式真空泵技术规格　　表 7-1

型号	抽气量（m³/min）					极限真空度（Pa）	配带动力（kW）	转速（r/min）	水消耗量（L/min）	泵重（kg）
	760Pa	456Pa	304Pa	152Pa	76Pa					
SZ-1	199.5	85.12	53.2	15.96	—	16225	4	1450	10	140
SZ-2	252.2	219.45	126.35	33.25	—	13034	10		30	150

续表

型号	抽气量（m³/min）					极限真空度（Pa）	配带动力（kW）	转速（r/min）	水消耗量（L/min）	泵重（kg）
	760Pa	456Pa	304Pa	152Pa	76Pa					
SZ-3	1529.5	904.4	478.8	199.5	66.5	7980	30	975	70	463
SZ-4	3591	2340.8	1463	399	133	7049	70	730	100	975

2）SZB 型水环式真空泵

SZB 为单级悬臂式真空泵，结构简单，使用较广。SZB 型真空泵结构，如图 7-3 所示。真空泵由泵盖、泵体、叶轮、轴、托架、联轴器等机件组成。

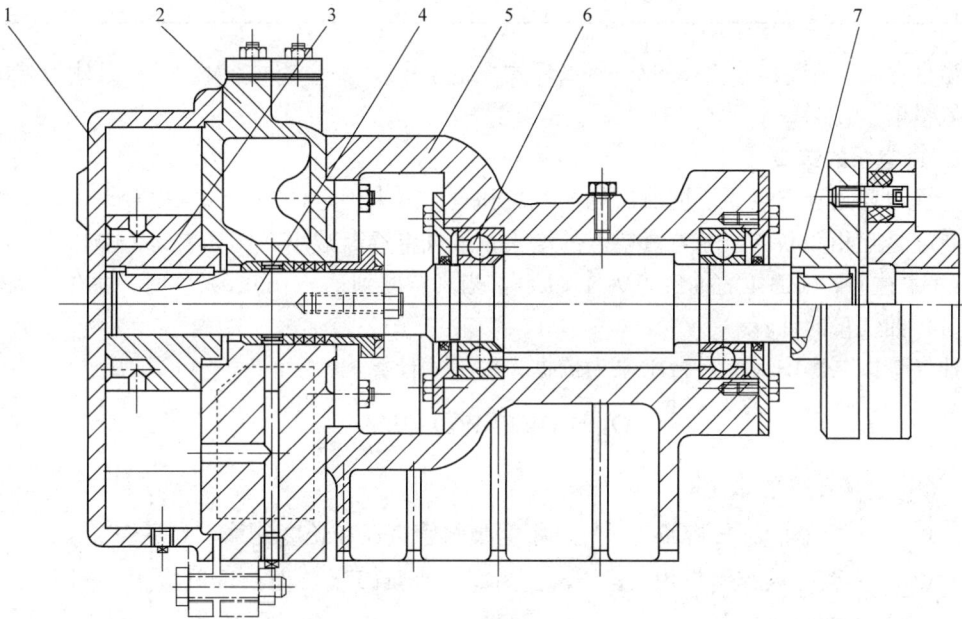

图 7-3　SZB 型水环式真空泵结构

1—泵盖；2—泵体；3—叶轮；4—轴；5—托架；6—轴承；7—弹性联轴器

SZB 型水环式真空泵的泵体和泵盖由铸铁制造，它们配合在一起构成了工作室。泵盖上铸有箭头，指明泵工作时叶轮的旋转方向。泵体由螺栓坚固在托架上。泵体上面的两个孔，从传动方向看，左侧为进气孔，右侧为排气孔，均与工作室相通。泵体侧面螺孔是向泵内补充冷水用。底面两个四方螺塞供停泵后放水用。泵体上铸有液封道，将水环的有压液体引至填料环处，具有阻气、冷却和润滑作用。

叶轮用铸铁制造。叶轮上有 12 个叶片呈放射状均匀分布。轮毂上的小孔，用来平衡轴向力。叶轮与轴用键连接，工作时叶轮可以沿轴向滑动，自动调整间隙。

泵轴用优质碳素钢制造，支撑在两个单列向心球轴承上。轴承间有空腔，可存机油润滑。泵轴与泵体之间用填料装置密封。从传动方向看，泵轴为逆时针方向转动。

SZB 型水环式真空泵的技术规格，见表 7-2。

SZB 型水环式真空泵技术规格 表 7-2

型号	抽气量		水银柱高度(mm)	转速(r/min)	保证真空度(%)	真空度为0时保证排气量(L/min)	功率(kW)		叶轮直径(mm)
	m³/h	L/s					轴功率	配带功率	
SZB-4	19.8	5.5	440	1450	80	370	1.1	2.2	180
	14.4	4.0	520				1.2		
	7.2	2.1	600				1.3		
	0	0	650				1.3		
SZB-8	38.2	10.6	440	1450	80	600	1.9	3.0	180
	28.8	8.0	520				2.0		
	14.4	4.0	600				2.1		
	0	0	650				2.1		

型号含义：SZB-4，其中，SZ——水环式真空泵；B——悬臂式；4——水银柱为 520mm 时的流量值（L/s）。

2. 真空泵的选择

选择水环式真空泵要依据所需的抽气量和真空度来确定，对一台真空泵来说，抽气量和真空度是互相关联的，随着真空度的增大，抽气量逐渐减小。例如表 7-2 中，真空度为 520mm 汞柱时，SZB-4 的抽气量为 4.0L/s，当真空度到达 650mm 汞柱时，抽气量为零。

（1）抽气量的计算

抽气量以泵房中最大一台水泵为依据，按下式计算：

$$Q_{抽} = (W_1 + W_2) \cdot K/t \tag{7-1}$$

式中　$Q_{抽}$——真空泵抽气量（m³/min）；

　　　W_1——吸水管存气容积（m³），根据吸水管直径和长度计算，参见表 7-3；

　　　W_2——泵壳内存气容积（m³），大约等于水泵吸水口面积乘以吸水口到出水阀门的距离；

　　　t——水泵引水时间，一般采用 3～5min；

　　　K——漏气系数，一般采用 1.05～1.10。

每米管道中的空气量 表 7-3

管径(mm)	100	150	200	250	300	400	500	600
空气量(m³/m)	0.008	0.018	0.031	0.049	0.071	0.126	0.196	0.282

（2）真空度的计算

真空度的计算是以水泵的安装高度来计算的，按下式计算：

$$H_{真} = \frac{H_1 + H_2}{13.6} \tag{7-2}$$

式中　$H_{真}$——真空度（mmHg）；

　　　H_1——水泵吸水井最低水位至泵轴的高度（mm）；

H_2——泵轴到水泵最高点；

13.6——汞的密度。

根据 $Q_抽$ 和 $H_真$，查真空泵产品样本（如表 7-1、表 7-2 等），便可选择合适的真空泵，一般选两台（1 用 1 备）。

（3）真空泵的布置

真空泵的布置，原则上不增加泵房面积，可以沿墙布置。抽气管可以沿墙架空敷设，抽气管与水泵泵壳顶排气孔相连，真空管（抽气管）直径可根据水泵大小，采用 $DN25\sim DN50$ 即可。

3. 真空泵的运行维护

（1）SZ（SZB）型水环式真空泵使用与维护要求

1）真空泵应安装在通风、光线充足、清洁的场所；如泵所排出的气体对人体或工作环境有影响时，应自空气分离器上导出气体排到远离工作的场所。

2）初次安装或经大修的泵要进行极限真空检验，经检验确定试运转正常，检验合格后方可正式投入使用。

3）启动或停车程序应按产品说明书要求进行。

4）新安装的泵或经过长期停车的泵启动前必须用手转动联轴器一周，确认无卡住或其他不良现象后才可开车。

5）真空泵在极限工作时，由于泵内产生物理作用而发出爆炸声，但功率消耗并不因此增大；当出现爆炸声伴随功率消耗增加时，表明泵的工作不正常，此时应立即停车检查。

6）应定期压紧填料，如因填料磨损不能保持所需要的密封性时，应更换新填料。填料不能压得过紧，正常压紧的填料允许水成滴漏出，但其量不得太多。

7）经常检查滚珠轴承的工作和润滑情况，正常工作的滚珠轴承，其温度比周围环境温度高 $15\sim20℃$，最高不允许超过 $60℃$。

8）正常工作的轴承每年至少清洗一次，并将润滑脂全部更换。平时发现润滑脂缺少时应及时加注。

9）如果环境温度低于 $0℃$ 或停止使用时间很长，必须拧开泵及分离器上的管路，将水放掉。

水环式真空泵的基本结构与单级离心泵相似，故其修理要求和工艺方法可参考离心泵。

（2）真空泵常见故障与排除方法

水环式真空泵的常见故障与排除，见表 7-4。

水环式真空泵常见故障原因与排除方法

表 7-4

故障现象	产生原因	排除方法
真空度降低	1. 管道密封不严，有漏气的地方。 2. 密封填料磨损。 3. 叶轮与端盖的间隙过大。 4. 水环温度过高，一般不应超过 40℃	1. 拧紧法兰螺钉或更换衬垫。 2. 更换填料。 3. 调整间隙，中小泵为 0.15mm，大泵 0.2mm。 4. 增加水量并降低进水温度

续表

故障现象	产生原因	排除方法
抽气量不足	1. 泵的转速低于规定转数。 2. 叶轮与端盖间的间隙过大。 3. 填料室密封漏气。 4. 吸入管道漏气。 5. 供水量不足以造成所需要的水环。 6. 水环温度过高	1. 如是电源电压过低应增高电压,否则应更换电动机。 2. 调整端盖与泵体间的衬垫。 3. 更换新填料。 4. 拧紧法兰螺钉或更换衬垫。 5. 增加供水量。 6. 增加供水量以降低水温
零件发生高热	1. 个别零件精度不够。 2. 零件装配不正确。 3. 润滑油不足或质量不好。 4. 密封冷却水和水环水量供给不足。 5. 轴密封填料压得过紧。 6. 转子歪斜。 7. 轴弯曲	1. 更换不合格的零件。 2. 重新正确装配。 3. 增添润滑油或更换符合规定质量的油。 4. 增加水量。 5. 适当放松填料压盖螺栓。 6. 检查校正。 7. 检查校正

（3）真空泵完好标准

真空泵完好标准如下:

1）主要技术性能（真空度等）达到设计要求或满足工艺要求,附属设备齐全,设备运转平稳,声响正常无过热现象,封闭良好。

2）设备润滑系统完好,润滑油质符合要求,并定期进行检查,换油。

3）设备冷却系统运行正常,冷却装置完好,排水温度不超过规定要求。

4）各种仪表指示值正确,并定期进行校验;管路及阀门密封良好,无泄漏现象。

5）电动机电流、温升、声响等正常,电气控制、保护、测量回路运转正常。

6）设备外观整洁,无油污、锈迹,铭牌标识清楚。

第二节　鼓风机、空压机原理及运行维护

1. 鼓风机的定义、常用类型及技术参数

鼓风机是指依靠输入的机械能提高气体压力并排送气体的机械,是一种从动的流体机械。鼓风机在水厂中,主要用于曝气以及滤池反冲洗的气冲,常见的有罗茨风机、离心风机等,空气悬浮、磁悬浮等也有少量应用。

（1）罗茨风机的工作原理

罗茨鼓风机是利用两个叶形转子在气缸内做相对运动来压缩和输送气体的回转式鼓风机。腔体两侧开有进气和出气口,通过一对同步齿轮的作用,使腔体内两转子做相反方向旋转,并依靠两转子的相互啮合工作,使进气口与出气口相隔,推动腔体内的气体,气体到达排气口的瞬间,因排气侧高压气体的回流而被加压,达到输送的目的。

罗茨风机目前在水厂中运用广泛,具有以下几个特点:

1）叶轮在机体内运转无摩擦,不需要润滑,输出的气体不含油。

2）属于容积式风机,工作时,当压力在允许范围内加以调节时,流量变化甚微,所以压力选择范围较大,流量随着转速而变化,流量可根据转速的选择达到需要。

3）转速较高，转子与转子之间、转子与机体之间间隙小，容积效率较高。

4）结构紧凑、机械摩擦损耗非常小，安全可靠、使用寿命长。

5）风机转子经静、动平衡校验，成品运转平稳，振动小。

目前水厂常用的罗茨风机为三叶罗茨风机。

一台完整的罗茨风机由缸体、主从动转子、主从动齿轮、侧墙板、轴承、密封、安全阀、止回阀、过滤器、弹性接头等组成。三叶罗茨风机的构造如图 7-4 所示，在腔体内配置两个三叶形转子，在腔体上方开有进气口，出气口在右侧。

三叶罗茨风机具有比较稳定的工作特性，可连续长期运转，使用寿命长、振动小，运转一周有六次吸排气过程，容积效率高，综合使用性能优于两叶罗茨风机，因此在水厂中被广泛采用。

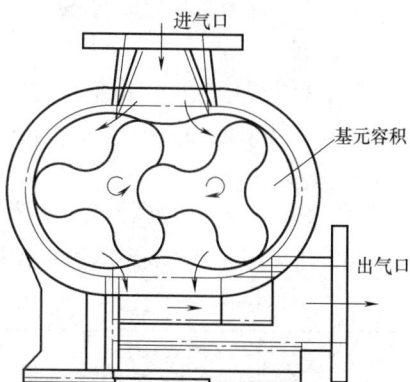

图 7-4 三叶罗茨风机构造图

（2）离心风机的工作原理

离心风机是根据动能转换为势能的原理，利用高速旋转的叶轮将气体加速，然后减速、改变流向，使动能转换成势能（压力）。其分为单级离心和多级离心两种，在单级离心风机中，气体从轴向进入叶轮，气体流经叶轮时改变成径向，然后进入扩压器。在扩压器中，气体改变了流动方向并且管道断面面积增大使气流减速，这种减速作用将动能转换成压力能。压力增高主要发生在叶轮中，其次发生在扩压过程。在多级离心风机中，用回流器使气流进入下一叶轮，产生更高压力。水厂一般

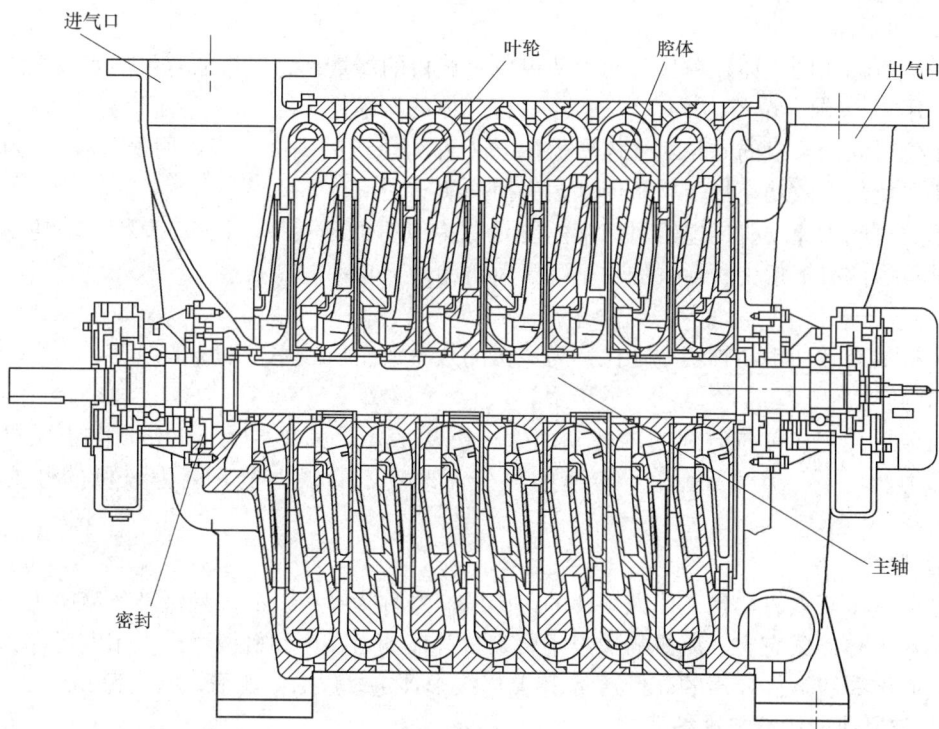

图 7-5 多级离心风机构造示意

使用多级单吸离心风机用于滤池反冲洗，其主要构造如图 7-5 所示。离心风机由转子组（包含主轴、多个叶轮）、机壳、进气口、出气口、轴承座、密封组等组成，鼓风机通过联轴器与电动机连接。

（3）鼓风机的常用技术参数

1）流量

容积（体积）流量：指单位时间内流经风机的气体容积，习惯上均指进气容积流量，用 Q 表示，其单位为 m^3/s、m^3/min、m^2/h。

2）压力

气体在单位面积的容器壁上所作用的力叫气体压力，其单位有 mmH_2O、$mmHg$、Pa、atm、kgf/cm^2、bar。压力单位换算，见表 7-5。

压力单位换算   表 7-5

帕(Pa)	标准大气压（即物理大气压）（atm）	毫米汞柱（mmHg）	毫米水柱（mmH_2O）	工程大气压（kgf/cm^2）	巴(bar)
1	$0.99×10^{-5}$	0.0075	0.102	$1.02×10^{-5}$	10^{-5}
101325	1	760	10330	1.033	1.0133
133.32	0.00132	1	13.6	0.00136	0.001332
9.807	$0.9678×10^{-4}$	0.0736	1	0.0001	$0.9807×10^{-4}$
98067	0.9678	735.6	104	1	0.9807
10^5	0.9869	750.1	10197	1.02	1

3）功率

风机所输送的气体在单位时间内从风机中获得的能量称为风机的有效功率或全压有效功率，用 P 表示，单位为 kW，一般不考虑气体的压缩性。

单位时间内风机的叶轮对气体所做的功，称为风机的内部功率，用 W 表示。内部功率等于风机的有效功率加上风机内部损失掉的所有功率。

单位时间内原动机传递给风机轴的能量称为风机的轴功率，以 N 表示。轴功率减去风机轴承内的机械损失所耗去的功率等于风机的内部功率。

4）效率

风机的有效功率与轴功率之比称为风机的效率或全压效率，以 η 表示。

5）转速

指风机转子在单位时间内的转动速度，用 n 表示，其单位为 r/min，由于风机的流量、压力、功率、噪声等都随着转速的改变而改变，所以也把它列为风机的性能参数之一。

6）噪声

从生理学观点讲，凡是使人烦躁的讨厌的声音称为噪声。噪声是污染环境的主要因素之一，对人体健康有害。风机的噪声主要来自气体动力噪声和机械噪声。用电机作为原动机时还有电磁噪声。噪声的高低通常用 A 声级来评定，以 L_A 表示，单位为 dB（A）。

2. 鼓风机的运行与维护

目前，水厂使用的鼓风机多为变频控制，故本节对变频控制柜也做相应介绍。

（1）变频控制系统

1）变频控制系统应避免在以下场所安装和使用：

① 日光直射的场所。

② 温度大于 55℃ 的场所。

③ 雨水及其他水浸入的场所。

④ 有腐蚀性液体及气体的场所。

⑤ 有强电磁干扰的场所。

⑥ 有可燃物、可燃性油气、可燃粉尘的场所。

⑦ 震动大于 6.3mm/s 的场所。

⑧ 有放射性物质的场所。

2）变频控制系统使用中的注意事项：

① 控制系统的电源电压一般为 AC 220V±10%。

② 确保控制柜就近单独接地。

③ 禁止在控制系统通电状态下触摸柜内电气设备。

④ 禁止在控制系统通电状态下拆卸或安装电气设备。

⑤ 系统运行时，确保柜内温度低于 55℃，注意通风。

⑥ 禁止用钝器或暴力操作触摸屏。

⑦ 系统断电重新启动时，至少等待 10s。

（2）鼓风机的操作运行

1）启动前的检查

风机首次启动或大修后，应检查以下的所有项目；日常启动前的检查可按需要选择其中几项。

① 检查所有螺栓、定位销及各部分联接是否紧固，各管路、阀门是否处于正常状态。

② 检查机组底座四周是否全部垫实，地脚螺栓是否紧固。

③ 检查驱动装置的位置和校准精度；罗茨风机还要检查皮带的张紧度，有否磨损。

④ 检查电气配电系统及电动机绝缘电阻是否符合要求；检查电机转动方向是否与所示箭头一致。

⑤ 检查润滑是否良好，油位是否保持在正确位置。

⑥ 有通水冷却要求的风机，应打开管路的阀门，冷却水温度不超过 25℃。

⑦ 检查所有测量仪表是否完好。

⑧ 用手盘动转子，转子应转动灵活，无滞阻现象，同时注意倾听各部分有无不正常的杂声。

⑨ 确保风机周围通风良好，清理风机周围影响正常运行的障碍物。

2）鼓风机的启动

为减小电机启动电流，机组应空载启动，即不能闭阀启动。所以应按以下步骤进行：

① 打开鼓风机旁通阀（或放空阀）。

② 起动机组，风机空载运行。检查机组运行情况，如遇电流过大、出现金属摩擦声等异常情况，应立即停车。风机运行正常后，可继续下面操作步骤。

③ 开出口阀、关旁通阀（或放空阀），使风机达到满负荷运行。

注：采用 PLC 控制时，变频柜操作面板上选择远程启动模式后，通过触摸屏远程按照前述顺序远程操作。

3）鼓风机的运行

风机在正常运行时，不能关闭出口阀，否则将造成设备爆裂事故。风机在正常运行中应检查下列项目：

① 电机运行电流有否超过额定电流。

② 检查机组的振动、噪声、温升是否正常，有无不正常的杂声。

③ 管路有无漏气，设备有否漏油。

④ 观察进、排气压力指示是否正常，空气过滤器有否阻塞。

⑤ 轴承的温度是否正常。

⑥ 冷却水系统、润滑系统是否正常。

4）鼓风机的停车

风机禁止在满负荷情况下突然停车，应按下列步骤操作：

① 按下控制柜上停止按钮，机组停止运行。

② 关闭出口阀。

③ 关闭旁通阀。

（3）鼓风机的维护以及常见故障的分析与排除

正确的维修保养是风机运行安全、可靠运行，提高使用寿命的重要保证。因此，在使用过程中必须充分重视。

1）鼓风机的日常检查维护

① 检查鼓风机出口压力、振动、温升，出现不正常现象时应及时停机检查原因。

② 检查电机运行电流是否正常，检查管路和阀门有无漏气情况。

③ 检查隔声罩进排气孔中是否有杂物，若有，应及时清理。

④ 每周检查油位是否在视油镜的中间位置，若少油，应及时加到位。

⑤ 罗茨风机还需要每周检查皮带张紧度，张紧度保持在 3.2N。

⑥ 每周检查滤清器阻力显示，如指示红色，则应清洗滤芯或更换。

⑦ 每周检查轴承润滑脂情况，如发现润滑脂减少，应及时添加。

2）鼓风机的定期检查维护

① 每季度对风机各联接部位进行紧固。

② 每季度，对风机进行振动、噪声、温度测试，测试结果应和历次测试作比较，发现数值变大，应找出原因并进行整改。测试结果的比较应在同一测试点及相同的测试条件下进行。

③ 根据润滑油的实际使用情况，每六个月更换一次，每次换油时必须对油箱彻底清洗干净。

④ 每年风机解体检修一次，清洗齿轮、轴承，检查油密封、气密封，检查转子和气缸内部磨损情况，校正各部分间隙。

3）鼓风机完好标准

鼓风机完好标准如下：

① 鼓风机主要技术性能（流量、压力等）达到设计要求或满足工艺要求。

② 鼓风机机组振动速度与噪声应小于国家相应标准（噪声值为距离设备 1m、对地高 1m 处的测量值）。

③ 油箱内油质符合要求，油位在正常位置。

④ 空气滤清器阻力显示正常。

⑤ 皮带张紧度符合要求，无打滑现象。

⑥ 轴承润滑正常，轴承温升不超过 30℃。

⑦ 运行时，风机内部应无碰撞或摩擦的声音。

⑧ 电动机运行电流不超过额定电流，温升不超过允许温升。

⑨ 进、出管路及阀门完好，无泄漏现象。所有联接部位螺栓坚固，无松动现象。

⑩ 设备外观整洁，无油污、锈迹，铭牌标识清楚。

4）鼓风机常见故障原因与排除方法参见表 7-6。

鼓风机常见故障原因与排除方法　　　　　　　　　　表 7-6

故障	可能原因	排除方法
风量不足	1. 管道漏气； 2. 安全阀动作； 3. 排风压力上升； 4. 吸气压力上升； 5. 罗茨风机皮带打滑； 6. 空气滤清器堵塞	1. 消除管道漏气； 2. 重新调整安全阀设定压力； 3. 消除排风侧压力上升原因； 4. 消除吸气压力上升原因； 5. 拉紧皮带或更换皮带； 6. 清扫空气滤清器
声音异常或振动异常	1. 罗茨风机皮带打滑； 2. 齿轮油不足； 3. 轴承润滑脂不足； 4. 压力异常； 5. 旁路单向阀不良； 6. 安全阀动作不良； 7. 室内换气不足； 8. 紧固部位松动； 9. 叶轮不平衡或损坏； 10. 轴承或齿轮磨损； 11. 风机轴与电机轴不同心	1. 拉紧皮带或更换皮带； 2. 加油； 3. 补充润滑油脂； 4. 消除压力异常原因； 5. 检查单向阀或更换； 6. 检查安全阀、调整； 7. 检查或改善换气设施，降低室内温度； 8. 将松动部位紧固； 9. 调整叶轮平衡或更换； 10. 更换； 11. 同心度校准
温度过高	1. 排风压力上升； 2. 室内换气不足； 3. 空气滤清器堵塞	1. 消除排风压力上升原因； 2. 检查或改善换气设施，降低室内温度； 3. 清扫空气滤清器
漏油	1. 加油量过多； 2. 紧固部位松动； 3. 密封垫破损	1. 在停机状态下把油放到油标中间位置； 2. 将松动部位紧固； 3. 更换密封垫
设备不转动	1. 电机或电器损坏； 2. 转子粘合； 3. 混入异物	1. 检查电源、电路、电机及其他相关电气设备； 2. 确认粘合原因，去除粘合物； 3. 去除异物
电机超载	1. 风机压力高于规定值； 2. 转动部分相碰或摩擦； 3. 进口过滤堵塞，出口管障碍或堵塞； 4. 室内通风不良，室温太高	1. 降低通过鼓风机的压差； 2. 立即停机，检查原因并消除； 3. 清除障碍物； 4. 增强通风，降低室温

3. 空压机的定义与分类

空气压缩机是气源装置中的主体，它是将原动机（通常是电动机）的机械能转换成气体压力能的装置，是压缩空气的气压发生装置。

空压机一般分为螺杆式空压机、离心式空压机、活塞式空压机、滑片式空压机、涡旋式空压机以及旋叶式空压机。水厂中常见的主要是活塞式空压机和螺杆式空压机。

（1）活塞式空压机

活塞式空压机的工作原理是由电动机直接驱动压缩机，使曲轴产生旋转运动，带动连杆使活塞产生往复运动，引起气缸容积变化。由于气缸内压力变化，通过进气阀使空气经过空气滤清器进入气缸，由于气缸容积的缩小，压缩空气经过排气阀的作用，经排气管和单向阀进入储气罐，当排气压力达到设定上限值时由压力开关控制而自动停机，当储气罐压力下降至设定下限值时，压力开关又自动联接启动。图7-6为水厂常见的活塞式空压机。

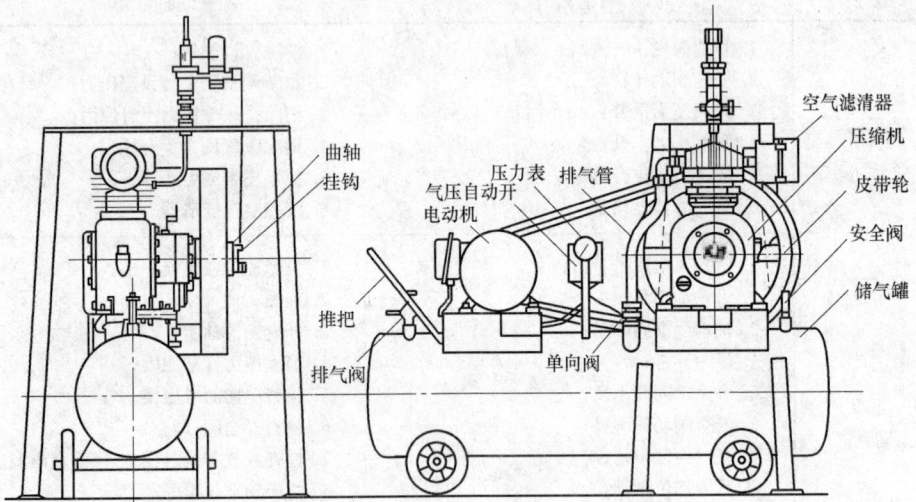

图7-6 活塞式空压机示意

（2）螺杆式空压机

螺杆式空压机工作原理是由一对相互平行齿合的阴阳转子（或称螺杆）在气缸内转动，使转子齿槽之间的空气不断地产生周期性的容积变化，空气则沿着转子轴线由吸入侧输送至输出侧，实现螺杆式空压机的吸气、压缩和排气的全过程。

4. 空压机的运行维护

（1）空压机的启动

空压机启动前应检查以下几个项目：

1）检查注油器内的油量，油量不应低于刻度限值。

2）检查各运动部位是否灵活，各连接部位是否紧固，润滑系统是否正常，电机及电气控制设备是否安全可靠。

3）检查防护装置及安全附件是否完好齐全。

4）检查排气管路是否畅通。

5）接通水源，打开各进水阀，使冷却水畅通。

6）如果要停用一段时间后启用，还应进行盘车检查，注意有无撞击、卡住或响声异常等情况。

（2）空压机的运行维护

空压机在运行过程中，应检查下列项目：

1）各种仪表读数是否正常。

2）电动机温度是否正常。

3）吸气阀盖是否正常，阀门声音有无异常。

4）安全防护设备是否可靠。

5）根据用气情况，及时排水。

6）检查轴承运转润滑情况，及时更换。

（3）空压机常见故障及解决办法，见表7-7。

空压机常见故障及解决办法　　　　　　　　　　　　　　表 7-7

常见故障	故障分析及解决办法
主机卡死、跳机	1. 皮带老化，更换； 2. 轴承损坏，更换
机组压力低	1. 选型错误，实际需气量大于机组输出气量，重新选型； 2. 空滤堵塞，更换空滤； 3. 管线有漏点，检修； 4. 压力控制器故障，低压不启动，更换
机组有漏油现象	检修更换密封
机组无法卸载，压力上升至安全阀起跳	1. 卸载压力设定值过高，调整； 2. 压力控制器故障，更换

第三节　起重设备分类及运行维护

1. 起重设备的定义与分类

为了便于设备、阀门、管道的安装及检修，水厂内都配置了起重设备。起重设备是指在一定范围内垂直提升和水平搬运重物的多动作起重机械。起重设备属于特种设备，其安装、使用、维护、检修、检验等均应遵守国务院颁发的《特种设备安全监察条例》等法律法规的相关规定。

水厂常用的起重设备有：电动葫芦、电动单梁起重机两种。使用单位应当建立起重设备安全技术档案，加强对起重设备的管理和维护，制定事故应急措施和救援预案，定期由具有相关资质的专业单位对设备进行维修、检验，使起重设备始终保持在完好状态。

（1）电动葫芦

电动葫芦是将电动机、减速机构、卷筒等紧凑集合为一体的起重机械。电动葫芦有多种形式，常用的为单轨小车式电动葫芦。此种电动葫芦具有运行机构，以单轨下翼缘作为运行轨道，具体外形结构如图7-7所示。图中电动葫芦采用钢丝绳式起吊结构，电动机为锥形转子的电动机，利用电动机轴向磁拉力的特点，使电机有制动器功能。

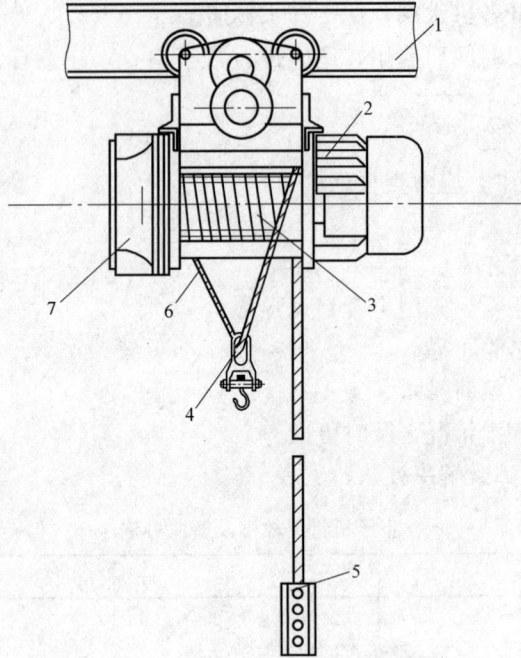

图 7-7　电动葫芦结构简图

1—轨道；2—电动机（含制动器）；3—卷筒；4—吊钩；5—操作按钮盒；6—钢丝绳；7—减速器

（2）电动单梁起重机

电动单梁起重机是轻小起重设备，跨度不大时（小于 10m），可用一段工字钢作为主梁；跨度较大时常制成桁构梁。电动单梁起重机由金属结构（主梁）、电动葫芦、大车运行机构、馈电装置和电气装置组成，如图 7-8 所示。

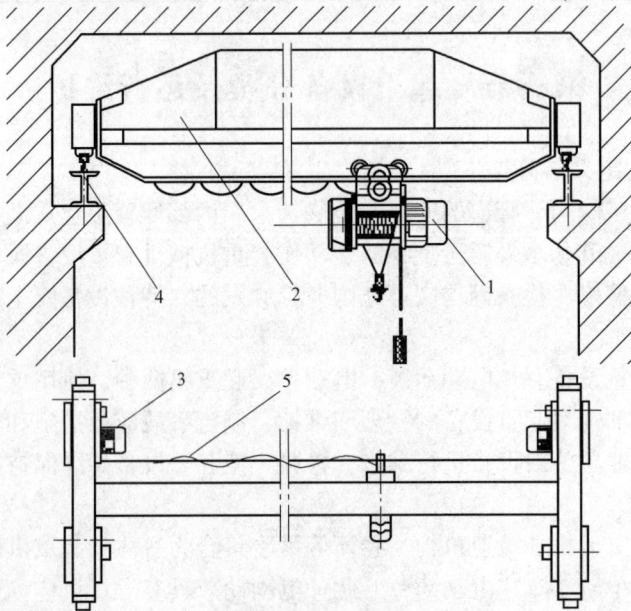

图 7-8　电动单梁起重机结构简图

1—电动葫芦；2—主梁；3—大车运行机构；4—轨道；5—橡胶电缆

电动单梁起重机另有一种结构形式为悬挂式，轨道（工字钢）吸顶安装，大车轮子在工字钢下翼缘运行。

2. 起重机的运行维护

因水厂常用的起重设备是电动葫芦和单梁电动起重机两种，故本节以这两种起重设备为例介绍日常运行维护中需要注意的事项。

（1）起重机的安全使用注意事项

1）在无载荷情况下，接通电源，开动并检查各运转机构。控制系统和安全装置均应灵活准确、安全可靠，方可使用。

2）在地面操作的梁式、电动葫芦等起重机，要指定人员负责操作，操作人员必须取得特种机械操作证。

3）对新安装、改装、大修、自制的起重机的安全技术必须符合特种设备安全监察条例的规定，经本企业有关部门及质量检查部门验收合格后方能使用。

4）起重机要定期检查，安全装置必须保证完全可靠，发现失灵时，要立即采取措施消除，不得迁就使用。

5）使用起重机必须严格遵守操作规程，严禁起吊易燃、易爆、超载荷、载人、歪拉斜吊和吊拔埋在地下的物件。

6）禁止使用两台起重机共同吊一个重物。在特殊情况下需要两台共同起吊一个重物（只限于吨位相同的起重机）时，应采用可靠安全措施，并有关领导在场指挥，方可起吊。

7）起重机应根据使用情况，2～3年做一次载荷试验（静载荷超载25%，动载荷超载10%）。对新安装、大修、自修的起重机，在使用前应进行载荷试验。

8）露天工作的起重机，当风力大于六级时，禁止使用。不工作时，必须将起重机可靠地固定好。

9）起重机操作人员必须做到："稳""准""快""安全""合理"五个点：

稳：在操作起重机的过程中，必须做到启动、制动平稳，吊钩、吊具和吊物不游摆。

准：在操作稳的基础上，吊钩、吊具和吊物应准确地停在指定位置上方降落。

快：在稳、准的基础上，协调相应各机构动作，缩短工作循环时间，保证起重机不断连续工作，提高生产效率。

安全：确保起重机在完好情况下可靠有效地工作，在操作中，严格执行起重机安全技术操作规程，不发生人身和设备事故。

合理：在了解掌握起重机性能和电动机的机械特性的基础上，根据吊物的具体状况、正确地操纵控制器并做到合理控制。

还要遵守"十不吊"：

① 超过额定载荷不吊。

② 指挥信号不明、重量不明、光线暗淡不吊。

③ 吊索和附件捆缚不牢、不符合安全要求不吊。

④ 行车吊挂重物直接进行加工时不吊。

⑤ 歪拉斜挂不吊。

⑥ 工件上站人或工件上浮放有活动物的不吊。

⑦ 带棱角快口物件未垫好（防止钢丝绳磨损或割断）不吊。

⑧ 工件埋在地下，与地面建筑物或设备有钩挂不吊。

⑨ 安全装置不齐全或有动作不灵敏、失效者不吊。

⑩ 室外起重机六级以上强风不吊。

（2）起重机的维护

起重机属于特种设备，因此，使用单位在使用过程中必须对起重机械的主要受力结构件、安全附件、安全保护装置、运行机构、控制系统等进行日常维护保养，还要做好定期检验，起重机械定期检验周期最长不超过2年，不同类别的起重机械检验周期按照相应安全技术规范执行，使用单位应当在定期检验有效期届满1个月前，向检验检测机构提出定期检验申请。起重机的日常维护项目及标准见表7-8所列。

水厂用起重机日常养护内容和标准　　　　　　　　表7-8

起重机类型	部件	保养内容及标准
单梁电动起重机	钢丝绳	1. 钢丝绳应防止损伤、腐蚀或其他物理、化学因素造成的性能降低； 2. 对日常使用频率高的钢丝绳应每周进行检查，包括对端部的固定连接、平衡滑轮处的检查，并作出安全性的判断； 3. 应保持良好的润滑状态。所用润滑剂应符合该绳的要求，并且不影响外观检查。润滑时应特别注意不易看到和不易接近的部位，如平衡滑轮处的钢丝绳； 4. 一个捻距内钢丝绳断丝数量不得超过钢丝绳总数的10%，磨损不超限，联结固定可靠； 5. 当钢丝绳发生锈蚀或磨损时，应及时进行更换
	吊钩、滑轮	1. 无卡滞、钢丝绳不出槽； 2. 金属铸造的滑轮出现裂纹、锈蚀、磨损严重等情况需进行更换； 3. 吊钩出现下列情况时应进行更换： (1)裂纹； (2)危险断面磨损达原尺寸的10%； (3)开口度比原尺寸增加15%； (4)扭转变形超过10°； (5)危险断面或吊钩颈部产生塑性变形； 注：禁止通过焊补的方式修补吊钩的缺陷
	制动装置	1. 无破损、变形、卡滞现象，制动灵敏可靠； 2. 各绞点在必要时注少量机油，并擦去表面溢油
	安全装置	各安全限位动作灵敏可靠
	电气部分	各电气开关、接触器、控制器完好，工作状态灵敏可靠
	电缆及牵引绳	1. 电缆无带电裸露现象； 2. 牵引绳牵引有效
电动葫芦	悬挂电缆	1. 上下端固定牢固可靠； 2. 上下、前后、左右各组按钮可靠
	控制箱交流接触器触点	触、开动作灵敏，无损伤
	高度限位器	动作灵敏可靠
	拖动电缆	无破损、无脱离滑道，连接可靠，滑线张紧，无明显下挠度
	卷扬锥形制动环	无严重磨损

起重机类型	部件	保养内容及标准
电动葫芦	钢丝绳	1. 钢丝绳应防止损伤、腐蚀或其他物理、化学因素造成的性能降低； 2. 对日常使用频率高的钢丝绳应每周进行检查，并作出安全性的判断； 3. 应保持良好的润滑状态。所用润滑剂应符合该绳的要求，并且不影响外观检查。润滑时应特别注意不易看到和不易接近的部位； 4. 一个捻距内钢丝绳断丝数量不得超过钢丝绳总数的10%，磨损不超限，绳端固定牢靠； 5. 当钢丝绳发生锈蚀或磨损时，应及时进行更换
	吊钩	吊钩出现下列情况时应进行更换： (1)裂纹； (2)危险断面磨损达到原尺寸的10%； (3)开口度比原尺寸增加15%； (4)扭转变形超过10°； (5)危险断面或吊钩颈部产生塑性变形； 注：禁止通过焊补的方式修补吊钩的缺陷
	运行小车	墙板连接螺栓连接紧固、车轮踏面轮缘无明显磨损、缺蚀
	卷扬的齿轮油	油面到位、润滑良好

1）单梁起重机完好标准

① 起重能力：应达到设计要求，在起重机明显部位标识起重吨位、设备编号。

② 大梁：大梁下挠度不超过规定值。额定起重量作用下，电动单梁起重机大梁从水平线下挠度应不大于 $L/500$；手动单梁起重机大梁从水平线下挠度应不大于 $L/400$（L 为跨度）。

③ 行走系统及轨道：

A. 轨道平直，接缝处两轨道位差不大于 $2mm$，接头平整，压接牢固。

B. 车轮无严重啃轨现象，与路轨有良好接触。

C. 行走系统各零部件完好齐全，运转平稳，无异常窜动、冲击、振动、噪声和松动现象，车架无扭动现象，制动装置安全可靠。

D. 传动装置润滑良好，无漏油。

④ 起吊装置：

A. 起吊制动器在额定载荷内制动灵敏、可靠。

B. 钢丝绳符合使用技术要求。

C. 吊钩、吊环符合使用技术要求。

D. 滑轮、卷筒符合使用技术要求。

E. 吊钩升降时，传动装置无异常窜动、冲击、噪声和松动现象。

F. 起吊装置润滑良好，无漏油。

G. 电气与安全装置：

a. 电气装置安全可靠，各部分元、器件运行达到规定要求。

b. 滑触线或橡套电缆敷设整齐、固定可靠、接触良好。

c. 轨道和起重机有可靠的接地，接地电阻应小于 4Ω。

d. 地面操纵的悬挂按钮箱应动作可靠并有明显的标识。

2）电动葫芦完好标准

① 电动葫芦起重和牵引能力达到设计要求。

② 各传动系统运转正常，钢丝绳、吊钩、吊环符合安全技术规程。

③ 制动装置安全可靠，主要零件无严重磨损。

④ 操作系统灵敏可靠，调整正常。

⑤ 主、副梁的下挠、上拱、旁弯等变形均不得超过有关技术规定。

⑥ 电气装置齐全有效，安全装置灵敏可靠。

⑦ 车轮与轨道有良好接触，无严重啃轨现象。

⑧ 润滑装置齐全，效果良好，无漏油。

⑨ 电动葫芦内外整洁，标牌醒目，零部件齐全。

⑩ 技术档案齐全，有专人负责设备动态记录。

⑪ 各种接触器、开关触点接触良好，运行正常。

⑫ 电动机无异常声响，温升、电流、电压均符合电动机铭牌规定。

（3）水厂常用起重机的常见故障分析及排除

葫芦式起重机（包括电动葫芦、电动单梁和双梁起重机）常见故障及排除方法参见表 7-9。

葫芦式起重机常见故障原因与排除方法　　　　　　　　表 7-9

项目	常见故障	故障原因	排除方法
起重机运行机构	启动时，主动车轮打滑	1. 轨道面或车轮踏面有油、水等污物； 2. 车轮装配精度差，"三条腿"现象严重，主动轮轮压太小或悬空	1. 清除污物，必要时在轨道顶面上撒砂子； 2. 改进车轮装配质量或火焰矫正桥架
	运行中出现歪斜—跑偏—啃轨—磨损	1. 轨道架设未能达到相应规范要求； 2. 起重机桥架几何精度差（跨度超差、跨度差、对角线差等达不到要求）； 3. 车轮槽宽与轨顶面宽间隙配合不当； 4. 车轮公称直径尺寸相差较大	1. 检查轨道跨度、标高、倾斜度等，并进行修整； 2. 检查起重机桥架几何精度，并进行修整； 3. 调整车轮与轨道侧面间隙，使达到规范要求； 4. 检查车轮直径，必要时更换车轮
	运行中，出现卡轨、爬轨、脱轨或行车出现蛇行、扭摆、冲击、振动等	1. 轨道与桥架跨度配合不当； 2. 轮槽与轨顶面宽度配合不当； 3. 起重机"三条腿"现象严重； 4. 起重机跑偏现象严重； 5. 轨道接缝质量差	1. 检查起重机和轨道几何精度，并修复； 2. 同上； 3. 调整车轮与轨道侧隙； 4. 必要时进行起重机大修； 5. 修整轨道接缝达到规范要求
	起制动时，有明显的不同步、扭动、侧向滑移	1. 因磨损造成车轮踏面直径尺寸相差较大； 2. 分别驱动的电动机制动间隙相差较大	1. 更换车轮； 2. 调整两侧驱动电动机的制动间隙（锥形转子轴向串量），调整工作应由同一个人完成

项目	常见故障	故障原因	排除方法
起重机运行机构	制动时刹不住车	1. 制动器间隙太大； 2. 制动环磨损已达到报废标准而继续使用	1. 调整制动器间隙； 2. 更换制动环
葫芦运行小车	车轮打滑	工字钢等轨道面或车轮踏面上有油、水等污物	清除轨道面或车轮踏面上的污物
	车轮悬空	1. 工字钢等支承车轮的翼缘面不规整； 2. 运行小车制造装配精度差，"三条腿"现象严重	1. 利用火焰加热修整； 2. 按制造装配精度要求进行检查并修整
	轮缘爬轨	1. 轨道端部止挡（阻进器）或缓冲器不对称； 2. 运行小车主、被动侧重量不平衡，造成被动侧车轮翘起而爬轨	1. 重新调整（或修整）止挡或缓冲器为对称结构； 2. 在被动侧加配重
减速器	齿轮传动噪声太大	1. 缺油、润滑不良； 2. 齿轮齿面有磕碰伤痕，齿轮加工精度低，齿轮副装配精度低； 3. 齿轮、轴承等磨损严重； 4. 齿轮箱内清洁度差	1. 加足润滑油； 2. 修整齿面磕碰伤痕，提高齿轮精度； 3. 更换齿轮、轴承； 4. 清洗、换油
	起升减速器箱体碎裂	多因起升限位器失灵，吊钩滑轮外壳直接撞击卷筒外壳，造成吊钩偏摆打裂箱体	及时更换减速器箱体，更换或修理起升限位器，尽量使限位器少动作
制动器	制动失灵	1. 电动机轴断裂； 2. 锥形制动环装配不当，出现磨损台阶制动失效	1. 更换电动机轴； 2. 更换制动环，并正确装配
	重物下滑或运行时明显刹不住车	1. 制动间隙太大； 2. 制动环磨损严重，并超过了规定值而未更换； 3. 电动机轴或齿轮轴轴端紧固螺钉松动	1. 调整制动间隙； 2. 更换制动环； 3. 将电动机卸下，拧紧松动的坚固螺钉
	制动时发出尖叫	制动轮与制动环间有相对摩擦，接触不良	重新调整制动器或车削一下制动环，使锥度相符（指锥形制动器而言）
卷筒装置	导绳器破裂	斜吊	按操作规程操作，导绳器已破裂的应修复
	外壳带电	轨道未接地或地线失效	加装或接通接地线
钢丝绳	切断	1. 因起升限位器失灵被拉断； 2. 超载过大； 3. 已达到报废标准仍在继续使用	1. 修理或更换限位器； 2. 按规定吊载； 3. 更换钢丝绳
	变形	1. 无导绳器，缠绕乱绳时，钢丝绳进入卷筒端部缝隙中被挤压变形； 2. 斜吊造成乱绳而变形	1. 应安装导绳器； 2. 按操作规程操作

项目	常见故障	故障原因	排除方法
钢丝绳	磨损	1. 斜吊造成钢丝绳与卷筒外壳之间的磨损； 2. 钢丝绳选用不当，直径太大与绳槽不符	1. 不要斜吊； 2. 合理选择钢丝绳
	空中打花	在地面缠绕钢丝绳时，未能将钢丝绳放松伸直	让钢丝绳在放松状态下重新缠绕在卷筒上
起升限位器	负荷升至极限位置时不能限位	1. 电源相序接错，接线不牢； 2. 限位杆的停止挡块松动	1. 重新接线，修整设备； 2. 紧固停止挡块于需要的位置上
主梁	主梁上拱度消失，甚至出现下挠	1. 超载过大； 2. 疲劳过度； 3. 使用环境恶劣（如高温烘烤）	1. 按规定吊载，安装载荷限制器加以限制； 2. 利用火焰修复； 3. 改善工作环境
	主梁工字钢等下翼缘下塌（出现塑性变形）	1. 超载过大； 2. 葫芦轮压太大； 3. 工字钢翼缘太薄； 4. 主梁下翼缘磨损严重而变薄，局部弯曲强度减弱	1. 不得超载或加载荷限制器加以限制； 2. 增加葫芦走轮个数降低轮压； 3. 选用异型加厚工字钢或在下翼缘下表面贴板补强； 4. 下塌严重时，无法补强应报废
操纵室	振动与摇晃	1. 操纵室本身刚性差，与主梁连接不牢； 2. 起重机主梁动刚性差； 3. 起重机运行振动冲击大	1. 加强操纵室刚性，增加减振装置； 2. 适当提高主梁刚度； 3. 对轨道缺陷进行修复
密封	渗、漏油	1. 油封疲劳破坏失效； 2. 减速器加油过多； 3. 装配时连接螺栓未拧紧； 4. 减速箱体结合面未采用密封结构或未涂密封胶	1. 及时更换新油封； 2. 放掉多余的油； 3. 拧紧连接螺栓； 4. 拆装时应清除箱体接合面的污物，重新涂上密封胶

第四节　阀门的分类、使用及维护

1. 阀门的定义与分类

阀门是管路流体输送系统中的控制部件，它用来改变通路断面和介质流动方向，具有导流、截止、调节、节流、止回、分流或溢流卸压等功能。阀门也是水厂使用数量最多的设备之一，阀门工作状态的好坏直接影响到水厂的制水生产。水厂或泵站中用得较多的阀门有：闸阀、蝶阀、止回阀、减压阀、安全阀等。阀门可以采用多种传动方式，如：手动、电动、气动、液动等。

（1）电动闸阀

闸阀是指关闭件（闸板）沿通路中心线的垂直方向移动的阀门。闸阀在管路中主要起切断作用，闸阀是使用很广的一种阀门。闸阀有以下优点：流体阻力小；开闭所需外力较小；介质的流向不受限制；全开时密封面受工作介质的冲蚀比截止阀小；体形比较简单；铸造工艺性较好。闸阀也有不足之处：外形尺寸和开启高度都较大，造成安装所需空间较大；开闭过程中密封面间有相对摩擦，容易引起擦伤现象；闸阀一般都有两个密封面，给加工、研磨和维修增加一些困难。

1) 电动闸阀根据闸板的构造可分为两大类：

① 平行式闸阀——密封面与垂直中心线平行，即两个密封面互相平行的闸阀。平行式闸阀又分双闸板和单闸板。

② 楔式闸阀——密封面与垂直中心线成某种角度，即两个密封面成楔形的闸阀。楔式闸阀中又有双闸板、单闸板及弹性闸板之分。

2) 根据阀杆的构造又分为两大类：

① 明杆闸阀——阀杆螺母在阀盖或支架上，开闭闸板时，用旋转阀杆螺母来实现阀杆的升降。这种结构对阀杆的润滑有利，开闭程度明显，因此被广泛采用。

② 暗杆闸阀——阀杆螺母在阀体内与介质直接接触，开闭闸板时用旋转阀杆来实现。这种结构的优点是：闸阀的高度总是保持不变，因此安装空间小，适用于大口径或对安装空间受限制的闸阀。此种结构应装有开闭指示器，以指示开闭程度。这种结构的缺点是：阀杆螺纹不仅无法润滑，而且直接受介质侵蚀，容易损坏。图7-9为明杆楔式闸阀结构简图。

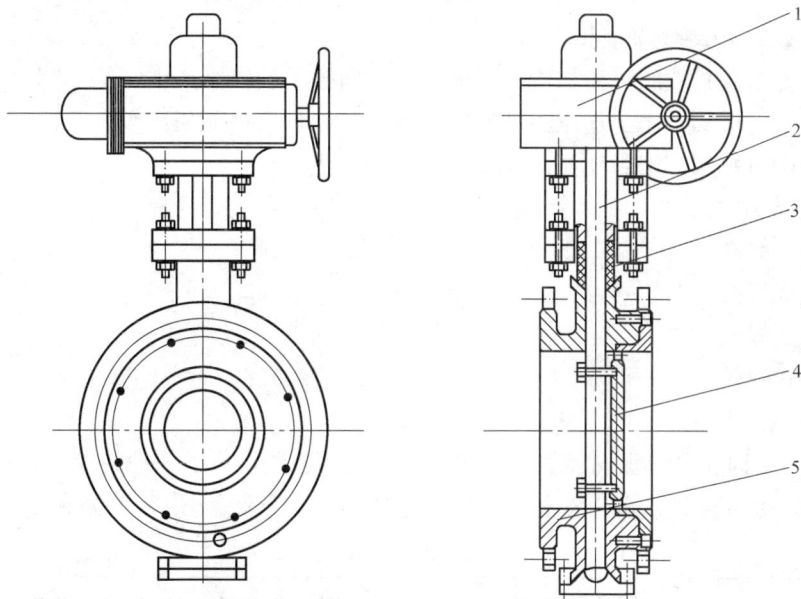

图 7-9　明杆楔式闸阀结构简图
1—电动头；2—阀杆；3—阀盖；4—阀体；5—闸板

（2）电动蝶阀

蝶阀是用圆盘形蝶板作启闭件并随阀杆转动来开启、关闭和调节液体通道的一种阀门。蝶阀的蝶板安装于管道的直径方向。蝶阀旋转角度为 $0°\sim90°$，旋转到 $90°$ 时，阀门在全开状态，此时具有较小的流阻，当开启在 $15°\sim70°$ 之间时，又能进行灵敏的流量控制。

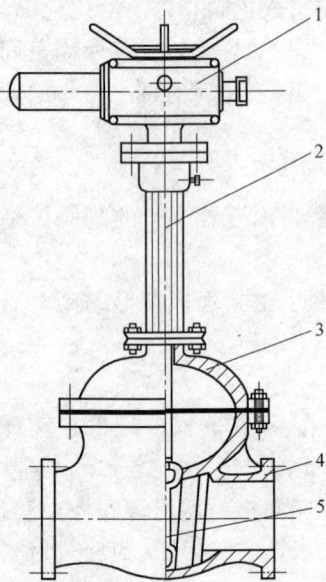

图 7-10　电动蝶阀结构简图
1—电动头；2—阀轴；3—填料；
4—阀板；5—阀体

蝶阀不仅结构简单、体积小、重量轻，而且驱动力矩小、操作简便。蝶阀的这些特点，使它在各种行业得到了非常广泛的使用，其结构简图如图 7-10 所示。

蝶阀的种类很多，且有多种分类方法。

1）按结构形式分类

① 中心密封蝶阀。

② 单偏心密封蝶阀。

③ 双偏心密封蝶阀。

④ 三偏心密封蝶阀。

2）按密封面材质分类

① 软密封蝶阀

a. 密封副由非金属软质材料对非金属软质材料构成；

b. 密封副由金属硬质材料对非金属软质材料构成。

② 金属硬密封蝶阀：密封副由金属硬质材料对金属硬质材料构成。

3）按密封形式分类

① 强制密封蝶阀

a. 弹性密封蝶阀：密封比压由阀门关闭时阀板挤压阀座，阀座或阀板的弹性产生；

b. 外加转矩密封蝶阀：密封比压由外加于阀门轴上的转矩产生。

② 充压密封蝶阀：密封比压由阀座或阀板上的弹性元件充压产生。

③ 自动密封蝶阀：密封比压由介质压力自动产生。

4）按连接方式分类

① 对夹式蝶阀。

② 法兰式蝶阀。

③ 支耳式蝶阀。

④ 焊接式蝶阀。

（3）气动蝶阀

气动蝶阀结构和电动蝶阀相似，不同之处是电动装置换成了气动装置，阀门的启闭用带压气体来驱动，压缩空气一般来自具有恒定压力的储气罐。图 7-11 为阀门气动装置结构示意图。

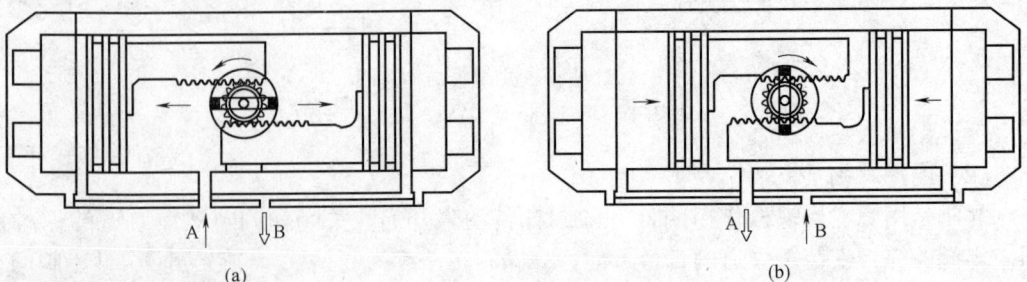

(a)

(b)

图 7-11　阀门气动装置结构示意图

图 7-11 (a) 中，压缩空气由 A 口输入、B 口排出，使左右活塞向相反方向运动，输出轴逆时针方向转动，打开阀门。图 7-11 (b) 中，压缩空气由 B 口输入、A 口排出，使左右活塞向中心移动，输出轴顺时针方向转动，关闭阀门。压缩空气的输入和排出由电磁阀切换。

（4）液控蝶阀

液控蝶阀是一种能按程序开闭，能泵阀联动及消除水锤，具有止回阀功能的新型管路控制设备。常用于出水泵房，取代水泵的出水阀及止回阀。

常用液控蝶阀分为两种类型：重锤式液控蝶阀和蓄能罐式液控蝶阀。前者关阀动力来自重锤的位能，后者来自蓄能罐中油（或气）的动能。

图 7-12 为重锤式液控蝶阀结构图。该蝶阀靠液压驱动，开阀时由油泵电动机提供动力，蝶阀开启后液压驱动的油路自动保压，使重锤不下降，蝶板不抖动。关阀时由起升的重锤提供动力，关阀时不需驱动电源。

蝶阀能根据开、停泵时的水力过渡过程理论，采用分阶段按程序开、关阀。当水泵机组失电停机时，蝶阀能自动按调定好的程序先快关截断大部分水流，起到止回阀的功能，然后慢关至全关，起到消除水锤危害的作用。开阀时间可调，关阀时快关、慢关的时间和角度均可调节。

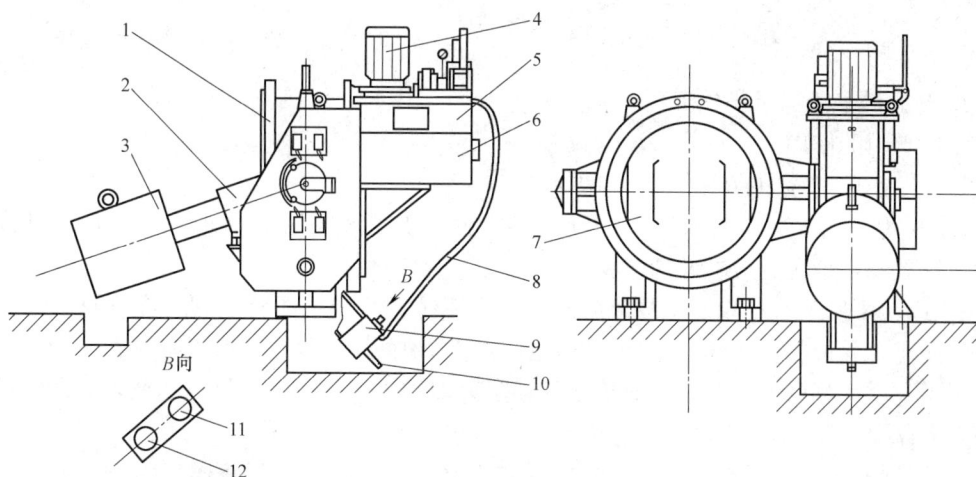

图 7-12　重锤式液控蝶阀结构图

1—阀体；2—连接头；3—重锤；4—油泵电动机；5—油箱；6—电气箱；7—蝶板；8—高压胶管；
9—摆动油缸；10—快慢关角度调节螺杆；11—快关调节螺杆；12—慢关调节螺杆

（5）止回阀

止回阀是指依靠介质本身流动而自动开、闭阀瓣，用来防止介质倒流的阀门，又称逆止阀、单向阀、逆流阀和背压阀。止回阀属于一种自动阀门，主要用于介质单向流动的管道上，只允许介质向一个方向流动，以防止发生事故。

止回阀按结构划分，可分为升降式止回阀、旋启式止回阀和蝶式止回阀三种，水厂中运用较多的是蝶式止回阀和背压阀，蝶式止回阀一般运用于水泵出水口处，以防止倒流及水锤对泵造成损害，蝶式止回阀常见的有橡胶瓣止回阀、微阻缓闭式止回阀等。橡胶瓣止回阀常用于卧式安装的给水排水系统中。

图 7-13 为橡胶瓣止回阀结构图。该止回阀主要由阀体、阀盖及橡胶瓣三种主要部件组成，阀瓣靠流动介质的力量自行开启和关闭。

背压阀一般运用于水厂的液体药剂的计量投加系统中，通过内置弹簧的弹力来实现动作：当系统压力比设定压力小时，膜片在弹簧弹力的作用下堵塞管路；当系统压力比设定压力大时，膜片压缩弹簧，管路接通，液体通过背压阀，其结构图如图 7-14 所示。

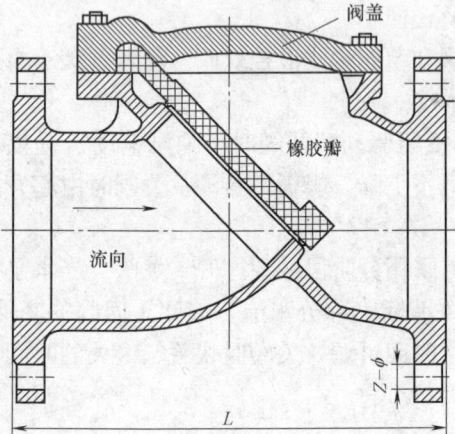

图 7-13　橡胶瓣止回阀结构图

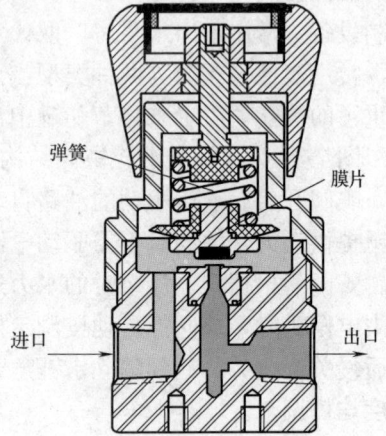

图 7-14　背压阀结构示意图

2. 阀门的使用与维护保养

（1）阀门的使用

阀门在使用过程中应注意如下事项：

1）电动、气动或液动阀门，在开启、关闭时，应密切注意设备的运转情况及开度表指示，发现异常情况，应立即断电检查。

2）运转中发现背压阀发生故障应及时停止系统运行或关闭背压阀所在管路，停止背压阀的使用，并检查背压阀。对背压阀进行任何维护前，应停止运转设备，释放压力，关闭背压阀与系统相联的阀门，同时确认脉动阻尼器内没有压力，维修时注意防止被输送液体伤害人体。

3）止回阀和背压阀都有方向，如果拆卸维修完毕后，一定要按照正确方向安装，若背压阀进出口接反，背压将会成倍增加，给系统带来危害并可能发生危险。

4）手动阀门在开启或关闭操作时，应使用手轮开、关，不得借助杠杆或其他工具。

5）液控蝶阀重锤下面严禁人员进入。

6）填料压盖不宜压得过紧，应以阀杆操作灵活为准。填料压得过紧，会导致阀杆的磨损，甚至造成电机过负荷跳闸。

7）阀杆螺纹及其他转动部分应涂一些黄油或二硫化钼，保持传动灵活，变速箱要按时添加润滑油。

8）不经常启闭的阀门，应定期转动手轮，并对转动部分加油，防止咬住。

9）电动闸阀应正确调整限位开关，防止出现顶撞死点、损坏设备的事故。阀门关闭或开启到头，即为死点，此时应回转手轮 1/4～1 圈，把这个位置作为限位开关的动作点。

10）应定期检查密封面、阀杆等有无磨损以及垫片、填料，若有损坏失效，应及时修理或更换。

11）对于明杆阀门，要记住全开和全关时的阀杆位置，避免全开时撞击上死点，便于检查全闭时有否异常情况（如阀板脱落、密封面粘有杂物等）。

12）管路初用时，内部脏物较多，可将阀门微启，利用介质的高速流动，将其带走。然后轻轻关闭（不能快闭、猛闭，以防残留杂质夹伤密封面）。如此重复多次，冲净脏物，再投入正常使用。

（2）阀门的维护

阀门使用过程中维护的目的是要使阀门常年处于整洁、润滑良好、阀件齐全、正常运转的状态。阀门维护的原则如下：

1）保持阀门外部和活动部位的清洁，保护阀门油漆的完整。

阀门的表面、阀杆和阀杆螺母上的梯形螺纹、阀杆螺母与支架滑动部位以及齿轮、蜗轮、蜗杆等部件容易沉积灰尘、油污以及介质残渍等脏物，对阀门产生磨损和腐蚀。因此，应经常清洁阀门。

2）保持阀门的润滑。

阀门梯形螺母、阀杆螺母与支架滑动部位，轴承位、齿轮和蜗轮、蜗杆的啮合部位以及其他配合活动部位都需要良好的润滑条件，减少相互间的摩擦，避免相互磨损。润滑部位应按具体情况定期加油；经常开启的阀门一般应一周至一个月加油一次，不经常开启的可适当延长一些。

3）保持阀件的齐全、完好。

法兰和支架的螺栓应齐全、满扣，不允许有松动现象。手轮上的紧固螺母如松动应及时拧紧，手轮丢失后，不允许用活扳手代替手轮，应及时配齐。填料压盖不允许歪斜或无预紧间隙。阀门上的标尺应保持完整、准确。

4）阀门电动装置的日常维护。

电动装置一般情况下应每月进行一次维护，维护内容为：

① 外表清洁，无粉尘沾积，装置不受汽水、油污沾染。

② 密封面应牢固、严密、无泄漏现象。

③ 润滑部分按规定加油，阀杆螺母应加润滑脂。

④ 电气部分完好，对地绝缘电阻大于 $0.5M\Omega$，断路器和热继电器整定值正确，未出现误动和拒动情况，指示灯显示正确。

⑤ 手动—电动切换机构完好，手动操作机构灵活。

⑥ 行程开关、过力矩开关调整在正确位置，开度表指示值与阀门实际位置相符。

（3）阀门完好标准

阀门完好的标准如下：

1）阀门开、关时运转平稳，无中间阻塞或卡死；阀体不漏水、不漏气、不漏油。

2）阀门的行程机构与过力矩保护装置调整合适。

3）阀门的实际状态和机械指针、开度表、信号灯指示相符。

4）阀门电动头的手动—电动切换装置良好，手动开、关阀门时应轻巧、灵活。

5）阀杆与阀杆螺母、传动箱等润滑良好，油质符合要求。

6）露天阀门的电动头应有良好的防护装置。

7）气动阀门应运转灵活，无明显摩擦声，供气管路无泄漏，空压机储气罐压力容器通过安全检测，空压机压力设定合适，无频繁启动现象。

8）液控蝶阀的补油或蓄能系统应工作正常，停电时应能自动关阀；油路泄漏严重时能自动停泵。

9）设备外壳防腐良好，无锈蚀，无油污；地上无水滴锈迹，接地良好。

10）止回阀启闭位置正确，操作灵活。

（4）阀门常见故障分析与排除

阀门常见故障产生原因及排除方法，见表7-10。

阀门常见故障产生原因及排除方法 表 7-10

常见故障	产生原因	排除方法
阀体和阀盖的泄漏	1. 铸铁件铸造质量不高,有砂眼、松散组织、夹碴等缺陷; 2. 焊接不良,存在着夹碴、未焊透,应力裂纹等缺陷	1. 提高铸造质量; 2. 应按焊接操作规程进行,焊后进行探伤和强度试验
填料处泄漏	1. 填料选用不当; 2. 填料安装不对; 3. 填料超过使用期,已老化; 4. 填料圈数不足,压盖未压紧; 5. 阀杆精度不高,有弯曲、腐蚀、磨损等缺陷	1. 应选用符合要求的填料; 2. 按有关规定正确安装填料,盘根应逐圈安放压紧,接头成30°或45°; 3. 应及时更换填料; 4. 应按规定的圈数安装,压盖应对称均匀地压紧,压套应有5mm以上的预紧间隙; 5. 阀杆弯曲、磨损后应进行矫直、修复,对损坏严重的应予以更换
垫片处泄漏	1. 垫片选用不对或损坏; 2. 法兰螺栓紧固不均匀、法兰倾斜,垫片的压紧力不够或连接处无预紧间隙; 3. 垫片装配不当,受力不匀; 4. 静密封面加工质量不高,表面粗糙不平、横向划痕、密封副互不平行等缺陷; 5. 静密封面和垫片不清洁,混入异物	1. 按工况条件正确选用垫片的材质和型式,已损坏的应调换; 2. 应均匀对称地拧紧螺栓,必要时应使用力矩扳手,预紧力应符合要求,不可过大或过小。法兰和螺纹连接处应有一定的预紧间隙; 3. 垫片装配应逢中对正,受力均匀,垫片不允许搭接和使用双垫片; 4. 静密封面腐蚀、损坏、加工质量不高,应进行修理、研磨,进行着色检查,使静密封面符合有关要求; 5. 安装垫片时应注意清洁,密封面应用煤油清洗,垫片不应落地
密封面的泄漏	1. 密封面研磨不平,不能形成密合线; 2. 阀杆与关闭件的连接处顶心悬空、不正或磨损; 3. 阀杆弯曲或装配不正,使关闭件歪斜或不逢中; 4. 密封面材质选用不当,使密封面产生腐蚀、磨损; 5. 关闭不到位,密封面与闸板配合不严密; 6. 密封面变形、损坏,密封面之间有污物附着	1. 研磨密封面,使其达到要求; 2. 检修阀杆与关闭件,使之符合要求,顶心处不符合要求的应进行修整,顶心应有一定的活动间隙,特别是阀杆台肩与关闭件的轴向间隙应大于2mm; 3. 阀杆弯曲应进行矫直,阀杆、关闭件、阀杆螺母、阀座经调整后应在一条公共轴线上; 4. 选用符合工况条件的密封面材料; 5. 调整行程机构,使关闭到位,检修密封面,使之与闸板配合严密; 6. 检查密封面,进行整修和清洗,如密封面损坏,应调换

常见故障	产生原因	排除方法
密封圈连接处的泄漏	1. 密封圈辗压不严； 2. 密封圈连接面被腐蚀； 3. 密封圈连接螺纹、螺钉、压圈松动	1. 密封圈辗压处泄漏应注入胶粘剂或再辗压固定； 2. 可用研磨、粘接、焊接方法修复，无法修复时应更换密封圈； 3. 卸下螺钉、压圈清洗，更换损坏的部件，研磨密封与连接座密合面，重新装配
阀杆操作不灵活	1. 阀杆与它相配合件加工精度低，配合间隙过大，表面粗糙度差； 2. 阀杆、阀杆螺母、支架、压盖、填料等连接件装配不正，其轴线不在一直线上； 3. 填料压得过紧，抱死阀杆； 4. 阀杆弯曲； 5. 阀杆螺母松脱，梯形螺纹滑丝； 6. 梯形螺纹处不清洁，积满了脏物和磨粒，润滑条件差； 7. 转动的阀杆螺母与支架滑动部分磨损、咬死或锈死； 8. 操作不良，使阀杆和有关部件变形、磨损、损坏； 9. 阀杆与传动装置连接处松脱或损坏； 10. 阀杆被顶死或关闭件被卡死	1. 提高阀杆与它相配合件的加工精度和修理质量，相互配合的间隙应适当，表面粗糙度符合要求； 2. 装配阀杆及连接件时应装配正确，间隙一致，保持同心，旋转灵活，不允许支架、压盖等有歪斜现象； 3. 适当放松压盖； 4. 矫正阀杆，难以矫正时应更换； 5. 应修复或更换； 6. 阀杆、阀杆螺母的螺纹应进行清洗和加润滑油； 7. 应保持阀杆螺母处油路畅通，滑动面清洁，润滑良好，对不经常操作的阀门应定期检查、活动阀杆； 8. 正确操作阀门，关闭力要适当，对损坏的部件应进行修复或调换； 9. 修复连接处的松脱或磨损的部件； 10. 手动操作时，用力要适当，电动操作时，对行程机构应进行调整，防止阀门顶撞死点
关闭件脱落产生泄漏	1. 关闭件连接不牢固，松动而脱落； 2. 选用连接件材质不对，经不起介质的腐蚀和机械磨损； 3. 行程机构调整不当或操作不良，使关闭件卡死或超过死点，连接处损坏断裂	1. 阀门解体，修复关闭件的松动或脱落； 2. 调换符合要求的连接件； 3. 重新调整行程机构，手动操作时应正确操作：用力不能过大，开关阀门时不能冲撞死点，连接处损坏的应修复
密封面间嵌入异物的泄漏	1. 不常启、闭的密封面上易沾积一些脏物； 2. 阀内留有较多铁锈、焊渣、泥土等异物	1. 不常启、闭的阀门，应定期启、闭一下，关闭时留一细缝，让密封面上的沉积物被冲走； 2. 管路初用或阀门检修后，内部会留下很多异物，应用开细缝的方法把这些异物冲走，然后再将阀门投入正常使用
齿轮、蜗轮、蜗杆传动不灵活	1. 轴弯曲； 2. 齿轮不清洁，润滑差，齿部被异物卡住，齿部磨损或断齿； 3. 轴承部位间隙小，润滑差，被磨损或咬死； 4. 齿轮、蜗轮和蜗杆定位螺钉、紧圈松脱、键销损坏； 5. 传动机构组成的零件加工精度低，表面粗糙度差； 6. 装配不正确	1. 矫正轴； 2. 保持清洁，定期加油，齿部磨损严重和断齿缺陷应进行修复或更换； 3. 轴承部位间隙应适当，油路畅通，对磨损部位进行修复或更换； 4. 齿轮、蜗轮和蜗杆上的紧固件和连接件应配齐和装紧，损坏应更换； 5. 提高零件的加工精度和加工质量； 6. 正确装配，间隙适当

续表

常见故障	产生原因	排除方法
气动或液动装置的动作不灵或失效	1. O形圈等密封件损坏或老化,引起内漏,使活塞产生爬行等故障; 2. 缸体和缸盖因破损和砂眼等缺陷产生的外漏,致使缸内压力过低; 3. 垫片或填料处泄漏,使缸内操作压力下降; 4. 缸体内壁磨损,镀层脱落,增加了内漏和对活塞运动的阻力; 5. 活塞杆弯曲或磨损,增加了气动或液动的开闭力或泄漏; 6. 活塞杆行程过长,闸板卡死在阀体内; 7. 缸体内混入异物,阻止了活塞的上下运动; 8. 活塞与活塞杆连接处磨损或松动,不但产生内漏,而且容易卡住活塞; 9. 填料压得过紧; 10. 进入缸体内气体或液体介质的压力波动或过低; 11. 常开或常闭式缸内弹簧松弛和失效,引起活塞杆动作不灵或使关闭件无法复位; 12. 缸体胀大或活塞磨损破裂,影响正常运动	1. 对O形圈等密封件定期检查和更换; 2. 对破损和泄漏处进行修补或更换; 3. 按前面"填料处泄漏"和"垫片处泄漏"方法处理; 4. 对缸体进行修复或更换; 5. 活塞杆弯曲应及时矫正,活塞杆磨损应进行修复或更换; 6. 旋动缸底调节螺母,调整活塞杆工作行程; 7. 介质未进入缸体前应有过滤机构,过滤机构应完好、运转正常,对缸内的异物及时排除、清洗; 8. 活塞与活塞杆连接处应有防松件,对磨损处进行修复,对易松动的可采用粘接或其他机械固定方法; 9. 填料压紧应适当,如压得过紧应放松; 10. 调整或稳定进入缸体的介质压力; 11. 及时更换弹簧; 12. 进行镶套和修复,无法修复的要更换
电动装置过力矩保护动作	1. 阀门部件装配不正; 2. 阀杆与阀杆螺母润滑不良、阀杆螺母与支架磨损、卡死; 3. 填料压得太紧; 4. 电动装置与阀门连接不当; 5. 行程机构调整不当,阀门顶撞死点而引起过力矩动作; 6. 阀内有异物抵住关闭件而使转矩急剧上升	1. 按技术要求重新装配; 2. 定期加油,零部件磨损要及时修复; 3. 调整填料压紧程度; 4. 电动装置与阀门连接应牢固、正确,间隙要适当; 5. 重新调整行程机构; 6. 清除阀内异物
止回阀或背压阀动作不灵或失效	1. 阀瓣打碎; 2. 阀瓣胶面破损; 3. 夹入杂质	1. 选用由韧性材料制成的阀瓣(如橡胶瓣等); 2. 修补或更换; 3. 拆卸阀体进行清理

第八章

水厂通用投加系统运行及维护

水处理过程中，需要投加净水药剂来达到调整酸碱度、净化水质等目的，在水处理末端还需配置消毒系统确保管网水质安全，同时为有效应对突发污染情况，水厂还应设置应急投加系统，以上三大投加系统的良好运行和维护，是确保工艺流程和出水水质稳定安全的重要组成内容。因此，熟悉和掌握投加系统的运行和维护，也是确保水厂正常生产运行的一个重要知识点。

第一节 综合加药系统

1. 综合加药系统的组成

根据原水特性，水厂会采用不同的药剂投加系统来组成与工艺相配合的综合加药系统，在自来水处理过程中一般常见的如投加混凝剂、助凝剂、pH调节剂、氧化剂等多品种药剂的设施。本节以水厂中常见的混凝剂投加系统、助凝剂投加系统、高锰酸钾（盐）投加系统为例，对综合加药系统进行介绍。石灰投加系统因布置与粉碳系统布置类似，故在第二节石灰、粉碳投加系统里加以描述。

（1）混凝剂投加系统

自来水厂混凝剂投加系统一般都由储液池（或储液桶）、溶解池、溶液池和投加设备组成，如图8-1所示。

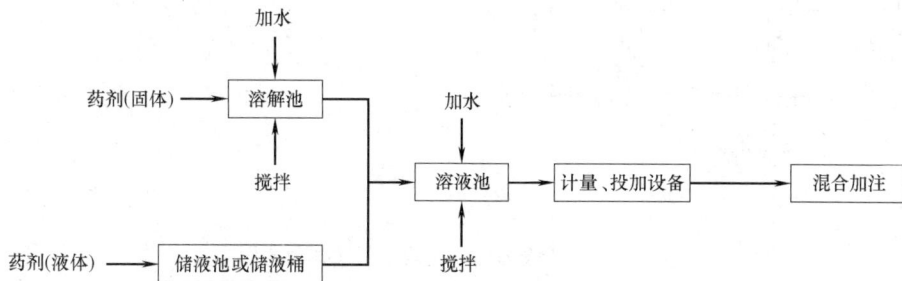

图 8-1 混凝剂投加系统

　　储液池、溶解池、溶液池一般采用钢筋混凝土池体，内壁需进行防腐处理，防腐的一般方法是内壁涂衬环氧玻璃钢、辉绿岩、耐酸胶泥贴瓷砖或聚氯乙烯板等。储液池也可用储液桶代替，储液桶一般采用 PE 材质，容量根据水厂处理规模和用量需求来配置。涉及的主要设备和仪表为：电动搅拌机（采用机械搅拌时）、超声波液位仪、溶液浓度计、进出液电动球阀。

　　溶解池和溶液池在日常运行中常见的故障主要是药剂中的杂质堵塞出液阀过滤器导致无法出液，因此要定期对过滤器进行检查清洗，以确保系统的正常运行，细小的杂质也可能通过过滤器后进入单向阀，造成单向阀卡死，处理方式见表 8-1 所列。

　　（2）助凝剂投加系统

　　自来水厂目前常用的助凝剂一般是聚丙烯酰胺（PAM），分为阳离子型、阴离子型以及非离子型三种，水厂净水工艺中通常采用阴离子型聚丙烯酰胺作为助凝剂（必须具有涉水批件），污泥脱水系统中通常采用阳离子型聚丙烯酰胺作为助凝剂。

　　助凝剂投加系统一般由配制系统和计量投加系统组成。配制系统一般都选用专门生产厂家的成品。图 8-2 为聚丙烯酰胺絮凝剂的搅拌罐概图，用于溶解配制絮凝剂溶液，搅拌转速一般为 400～1000r/min。图 8-3 为嘉兴市贯径港水厂使用的瑞典 TOMAL 公司生产的 SE-31058 自动配制系统。

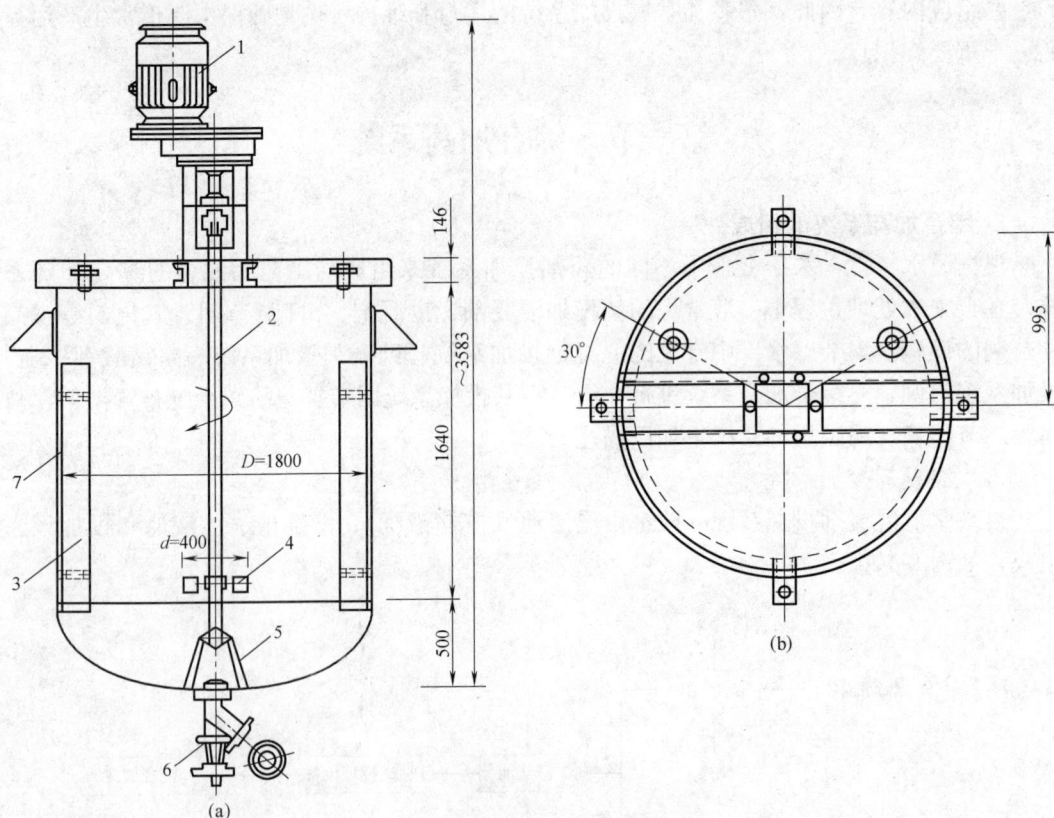

图 8-2　3.5m^3 聚丙烯酰胺絮凝剂搅拌罐通用图

（a）剖面；（b）平面

1—电动机；2—主轴；3—挡板；4—搅拌桨；5—底轴承；6—放料阀；7—罐体

（3）高锰酸钾（盐）投加系统

高锰酸钾（盐）投加系统与混凝剂投加系统固体药剂的组成一样，由溶解池、溶液池以及投加设备组成，内容与混凝剂投加系统相同，此处不做描述。药剂投入溶解池一般采用人工投料的形式，也有采用真空吸料系统的，如图 8-4 嘉兴市贯泾港水厂高锰酸盐真空吸料系统。真空吸料系统主要由真空上料机、吸料枪以及送料管路组成。真空吸料与传统人工投料方式相比，可避免药剂粉尘飘散，改善车间环境等。

高锰酸钾（盐）投加系统常见故障主要有溶药池出液过滤器堵塞。由于高锰酸钾（盐）药剂为粉末状，含有较多杂质。配药的时候，杂质和药剂一起进入溶药池，经过一段时间的运行，这些杂质会堵塞过滤器，导致无法出液。该故障的解决办法就是定期清洗过滤器，人工拆下过滤器，到指定的场所进行清洗。还有一个发生概率较低的故障是底阀卡住，该底阀是弹珠式的，弹珠因杂质卡死，导致无法出液，该故障需要人工穿雨裤进入溶药池底部，将底部阀拆下清洗即可。

图 8-3　PAM 自动配制系统

图 8-4　嘉兴市贯泾港水厂高锰酸盐真空吸料系统

（4）投加系统

目前水厂混凝剂、高锰酸钾（盐）投加一般都采用计量泵投加法，助凝剂投加系统因药品黏度较高，一般采用螺杆泵投加，此处重点介绍计量泵投加（图 8-5），而且计量泵在其他系统中也多有应用，如次钠系统、膜处理系统等，螺杆泵投加在本章第二节中会详细描述。

一般水厂药剂加注常用的计量泵以隔膜式计量泵为主。隔膜式计量泵有液压驱动和机械驱动两种。液压驱动的流量范围较广，机械驱动的一般在 1500L/h 以下。

1）隔膜式计量泵的基本构造

① 基本部件

常用的加药计量泵构造如图 8-6 所示。

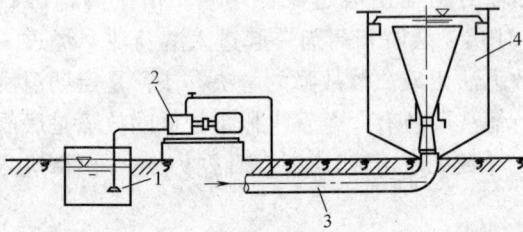

图 8-5　计量压力泵投加
1—溶液池；2—计量泵；3—原水进水管；4—沉淀池

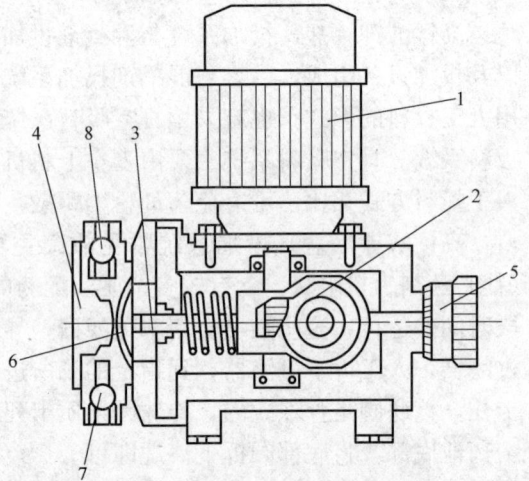

图 8-6　隔膜式计量泵结构示意
1—电动机；2—齿轮结构；3—活塞；4—泵头；
5—冲程长度调节旋钮；6—隔膜；
7—吸入口及单向阀；8—排出口及单向阀

　　a. 电动机：用来能改变转速从而达到调节加药量，可采用变频调速电机。

　　b. 齿轮机构：将电动机的转速转变成可往复运动的冲程。

　　c. 活塞：由活塞通过腔内的液体或者由活塞直接推动泵头中的隔膜作往复运动，从而吸入、排出溶液。

　　d. 泵头：包括隔膜、吸入口和排出口的球形单向阀。当隔膜后退时，吸入口单向阀打开，同时排出口单向阀关闭，吸入溶液至泵头内；当隔膜前进时，吸入口单向阀关闭，同时排出口单向阀打开，将泵头内的溶液压出泵头。由于在一定的活塞冲程长度条件下，泵头腔内体积固定，因而每一次吸入、排出的溶液体积也不变，达到定量加注药剂的目的。

　　e. 冲程调节器：用来调节冲程的长度，一般在泵体上设有调节旋钮，可手动调节，也可配冲程长度调节伺服电机等实现自动调节。

　　② 基本配置

　　计量泵加注系统按照所投药剂、计量泵类型等不同可有不同的配置，但从保证计量准确、运行安全等考虑，其基本配置大致相同，如图 8-7 所示。

　　a. 计量泵校验柱：一般为一个透明的柱体，表面标有刻度，其作用是校验计量泵的加注量。如在校验柱的底部设置一个液位检测仪，还可在液位降低至低限时，发出信号强制关闭计量泵，以保证计量泵的安全运行。

　　b. 过滤器：过滤溶液中的杂质，保证计量泵安全和正常运行。

　　c. 脉冲阻尼器：将计量泵输出的脉冲流转化成稳定的连续流。

　　d. 背压阀：在投加点的背压小于 0.1MPa 时，需设置背压阀，使计量泵保持一定的输出压力，保证正常运行。

　　e. 安全释放阀：当由于投加管路发生阻塞等原因引起投加压力过高时，可通过释放

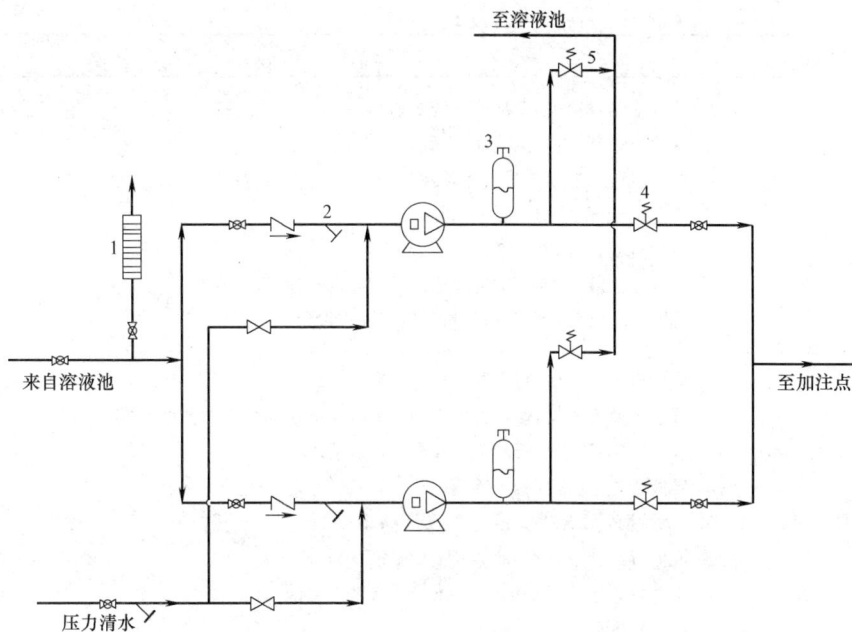

图 8-7　计量泵加注系统基本配置示例

1—计量泵校验柱；2—过滤器；3—脉冲阻尼器；4—背压阀；5—安全释放阀

阀自动将药液释放回流至溶液池，保证计量泵的安全。有些计量泵的泵头上已设有安全释放阀，则可不再另外设置。

　　f. 用于管路、计量泵发生阻塞的压力清水清洗系统，需注意其水压力不能大于计量泵的最大工作压力。

　　2）隔膜式计量泵的使用及维护

　　① 使用注意事项

　　a. 为计量准确和实现自动控制调节加注量，一般每个加注点设一台或一台以上加注泵，2 个或 2 个以上的加注点不宜共用 1 台计量泵。在大型水厂为减少计量泵台数，可采用有多个泵头的计量泵。

　　b. 应设足够的备用台数，一般小型水厂可设 1 台，大中型水厂或工作泵台数较多宜设 2 台或 2 台以上备用。此外，同一水厂或同一加注系统中，应尽量采用相同型号和规格的计量泵。

　　c. 投加特殊药剂（加碱、酸）应注意计量泵及系统配件材质的耐腐蚀要求。

　　② 故障排除

　　一般故障检查与排除，见表 8-1。

计量泵故障检查与排除　　　　　　　　　　　　　　　　　表 8-1

故障	检查与排除
泵不运行	1. 储液池中药液液位过低:向池中加入药液; 2. 单向阀损坏或污染:清洗或更换; 3. 出液管堵塞:清通管线;

故障	检查与排除
泵不运行	4. 药液冻结:溶化整个加药系统的药液; 5. 保险丝熔断:更换保险丝; 6. 电动机启动器中热过载装置跳开:复位热过载装置; 7. 电缆线断开:查出位置并修复; 8. 电压过低:测试并校准; 9. 泵未充注液体:向压力管线输送药液前,应使吸液管和泵头充满液体; 10. 冲程调节设定到零位置:重新调节冲程设定
泵出液量不足	1. 冲程设定不正确:重新调节冲程设定; 2. 泵运行速度不对:使电源电压和频率与泵电机标牌上的数据匹配; 3. 吸液量不足:增加吸液管口径或增加吸液水头; 4. 吸液管泄漏:修复吸液管线; 5. 吸程过高:重新布置设备,使吸程减小; 6. 液体接近沸点:冷却液体或增加吸液水头; 7. 出液管线中的安全阀泄漏:维修或更换安全阀; 8. 液体黏度过高:降低黏度; 9. 单向阀阀座磨损或污染:清洗或更换
输液量不稳定	1. 吸液管泄漏:维修吸液管线; 2. 安全阀泄漏:维修或更换安全阀; 3. 吸程水头不足:提高吸液池液位或使用压力溶液箱; 4. 液体接近沸点:冷却液体或增加吸液水头; 5. 单向阀阀座磨损或污染:清洗或更换; 6. 管线过滤器堵塞或污染:清洗过滤器
电机和泵体过热	1. 电机和泵体的运行温度触摸起来经常是偏热的,但不应超过93℃; 2. 电源不符合电机的电气规格:确信电源与电机匹配正确; 3. 泵在超过额定性能条件下运行:减小压力或冲程速度,如果这样没有作用,则与服务商联系; 4. 泵的润滑油加注不对:排放机油,并重新加注适量的建议使用的润滑油
泵在零冲程设定时仍输送液体	1. 误调千分刻度旋钮:重新调节冲程设定; 2. 出液压差不足:改正运行条件
齿轮噪声过大	1. 齿隙过大:与服务商联系; 2. 轴承磨损:与服务商联系; 3. 润滑油标号不对或加注量不足:更换或补充润滑油
每次冲程都有响亮的撞击	1. 过量的齿轮部件损耗:请与服务机构联系; 2. 轴承磨损:与服务机构联系
液端运行有噪音	单向阀中的噪声:阀球受到一定外力而上下运动,一种特殊的"卡搭"噪声是正常的,尤其在金属管线系统中
泵头底部检测有物料泄漏	隔膜破裂:需要换隔膜
泵头底部检测孔有润滑油泄漏	油封破裂:需要换油封

第二节　石灰、粉碳投加系统

水处理过程中，为了调节原水酸碱度，会设置石灰投加系统，粉碳投加系统则是为应对突发水质污染的应急投加系统，由于投加药品的性质类似。因此，两个投加系统的组成也基本相同，故在本节一并进行介绍。

为避免扬尘防止粉尘事故，保护操作人员职业健康，目前大中型水厂的石灰、粉碳投加系统采用密闭式投加的方式日渐增多，因此本节重点介绍密闭料仓投加系统。密闭料仓投加系统主要由密闭料仓、料斗、振打系统、给料系统、输送系统、溶解系统、除尘系统以及控制系统组成。

1. 石灰投加系统工艺流程

石灰由专用槽车运输至水厂现场后，通过自带空压机正压吹风输入料仓，系统运行时根据工艺要求，确定石灰投加量、投加浓度，经过给料机精确计量后，熟石灰粉末进入溶解系统，自动配制成一定浓度的石灰乳液，再经稀释装置稀释后通过投加泵投加至各投加点。常见的石灰投加系统如图 8-8、图 8-9 所示。

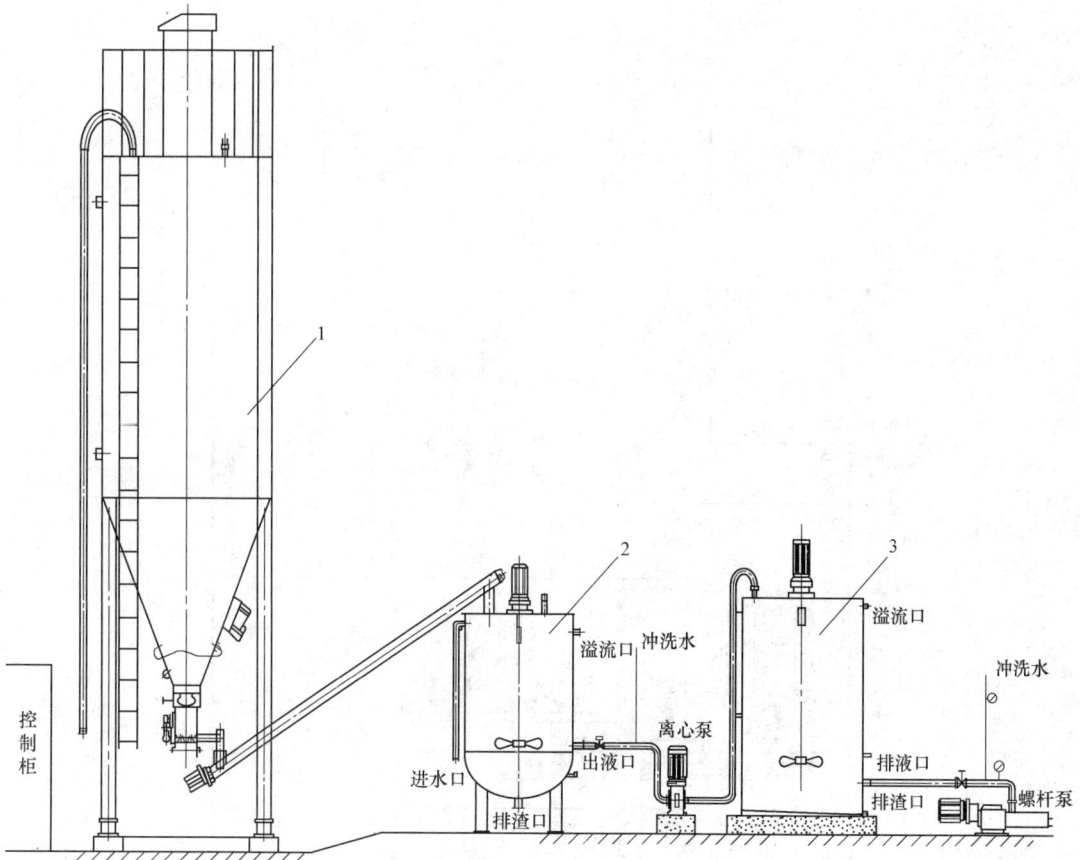

图 8-8　ZKSH 石灰投加系统图

1—户外料仓；2—制备罐；3—储存罐

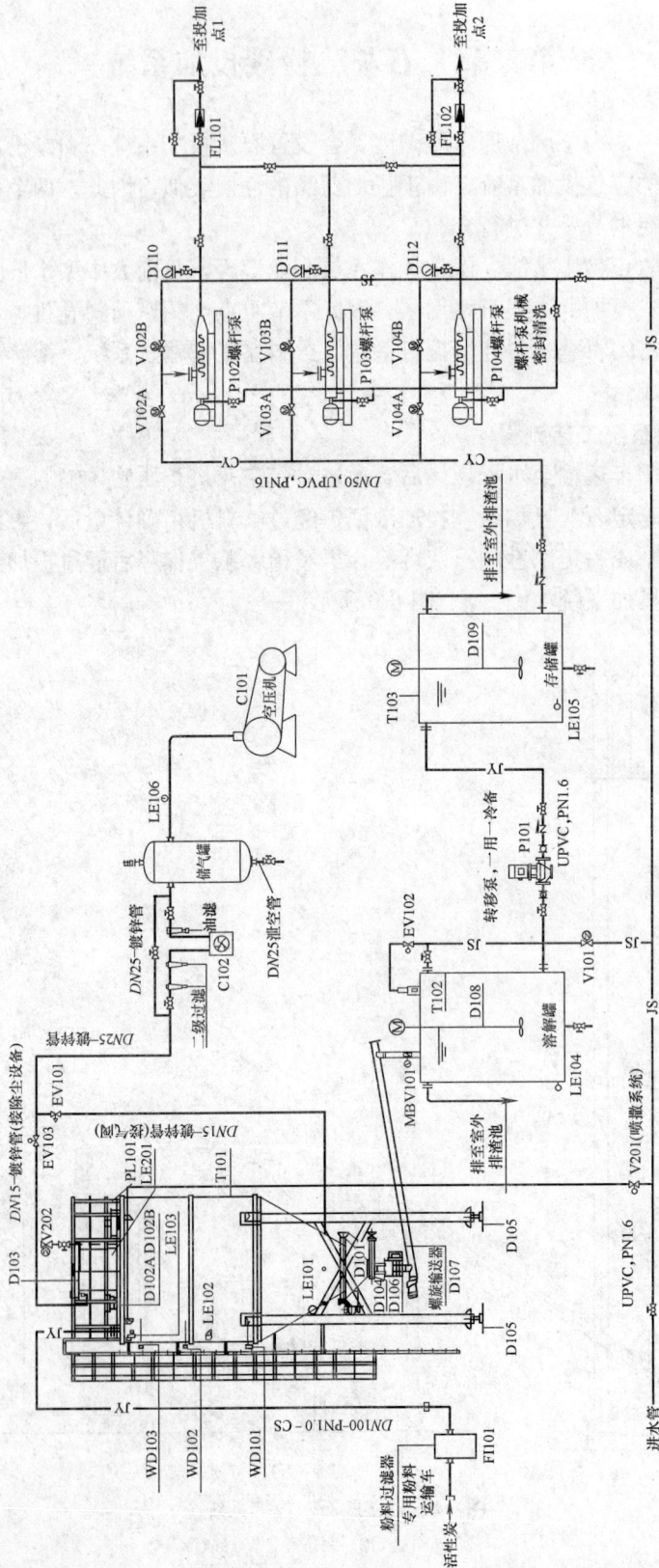

图 8-9 天行健石灰加注系统图

图 8-8 是浙江卓锦工程技术有限公司提供的 ZKSH 型石灰投加制备系统。该系统的标准工艺流程为：

散装石灰罐车→户外石灰储存料仓→螺旋给料机→螺旋输送机→石灰溶液制备缸→石灰溶液储存缸→投加螺杆泵→原水投加点。

图 8-9 是浙江天行健水务有限公司的石灰投加系统，在省内也有较多应用，采用的是边配置边使用的工艺模式，减少了储存环节，可防止储存罐内发生沉淀而造成出液浓度不均匀的情况。

综合来说，石灰投加系统主要还是分为料仓系统、配制系统、储存系统（可配可不配）、输送系统和自动控制系统。

（1）料仓系统

1）料仓主体（底部为椎体的圆锥体，侧面附有爬梯，进料管直达顶部，方便石灰粉输送）。

2）除尘器（在输送粉料过程中除尘排气）。

3）压力安全阀（避免由于气体输送粉料时压力过大）。

4）料位计（检测仓内物料高度，及时输送粉料）。

5）密度补偿装置（改变料仓底部粉料随着料位变化的现象，使粉料的投加更为准确）。

6）计量给料机（内带搅拌器，使粉料输出时密度更均一，投加量更准确）。

7）螺旋输送机（将计量给料机输出的粉料送至配置缸中，全封闭输送，无粉料外泄）。

8）称重系统（带有显示器，能精确显示即时重量）。

（2）配制系统

配置系统主要由制备缸及其配套设施组成，制备缸为直径 2.0～2.5m 的圆柱体；顶部有人孔，以便检修；还有进液口，将水通过电磁阀导入制备缸；底部为斜结构，便于排渣；在缸内部，设有各种特殊结构，能使石灰粉料溶解更彻底，乳液更均匀；在缸体周边布有出料口、溢流口、排渣口。制备缸的配套设施有：

1）变频搅拌器（石灰粉料进入制备缸后，在搅拌器的作用下迅速溶解，不易沉淀）。

2）小型除尘器（消除进粉时在缸体造成的扬尘，缸体多余的空气经过该除尘器排除时不至于造成空间污染）。

3）气动蝶阀（长期关闭，只在配置时打开，防止缸体中水汽进入螺旋输送机或料仓，引起石灰粉料受潮或变质）。

4）压力变送器（向控制柜传送缸体液位信号）。

（3）存储系统

存储部分包括：

1）离心泵（在制备缸中被搅拌均匀的石灰乳液，由离心泵输送至储存缸中待用）。

2）储存缸（构造和制备缸基本相同，内设搅拌器和压力变送器）。

（4）输送系统

输送部分包括：

1）气体输送管（气体从空压机输出分别到料仓、密度补偿装置及气动蝶阀）。

2）石灰乳输送管（石灰乳液从存储缸输出后由螺杆输送至投加点）。

3）水输送管（配制石灰乳的进水管，配有电磁阀，控制进水时间；螺杆泵投加过程中稀释管路，能有效防止石灰输送管路的堵塞；螺杆泵的冲洗管路，将泵内残留石灰乳冲洗干净）；

4）螺杆泵（输送石灰乳）以及电气及自控系统。

（5）自动控制系统

石灰投加系统根据处理原水量大小可选用不同规格，见表 8-2。

表 8-2

石灰投加系统选型规格

参数 / 型号	ZKSH-05	ZKSH-10	ZKSH-15	ZKSH-30	ZKSH-50	ZKSH-80	ZKSH-100
料仓容积(m³)	5	10	15	30	50	80	100
外形尺寸(mm)	ϕ1500× 5600	ϕ1800× 6900	ϕ2000× 7800	ϕ2800× 8300	ϕ3200× 9900	ϕ3500× 11800	ϕ3800× 12500
可处理原水量 以投加(10mg/L计)	0～ 5万 m³/d	0～ 10万 m³/d	0～ 15万 m³/d	0～ 30万 m³/d	0～ 50万 m³/d	0～ 80万 m³/d	0～ 100万 m³/d
石灰溶液投加量 (m³/h)(2%浓度)	1.10	2.20	3.29	6.58	11.0	17.6	21.9
螺旋给料输送量 (m³/h)	0.4/0.8kW	0.4/0.8kW	0.6/1.2kW	1.0/1.2kW	2.0/1.2kW	5.0/2.4kW	7.0/2.4kW
制备槽容积(m³)	1.5	2.0	2.5	4.0	7.0	10.0	14.0
储存槽容积(m³)	3.0	4.0	5.0	8.0	15.0	20.0	25.0
螺杆泵电机功率(kW)	0.75	0.75	1.1	2.0	3.0	4.0	7.5
搅拌器功率(kW)	0.55	0.75	0.75	1.1	2.2	4.0	11.0

石灰乳液输送一般都采用螺杆泵，也有的中小型水厂采用计量泵或离心泵。计量泵虽成本低，但容易堵塞，使用时要有避免出现堵塞的措施，如在泵前增加冲洗水管，在停止加药时对泵进行冲洗或在出药口流量计后加稀释水管等。

2. 粉碳投加系统工艺流程

图 8-10 是嘉兴市贯泾港水厂在用的粉碳投加系统工艺流程如下：

粉碳罐车→户外储存料仓→多螺旋给料机→螺旋输送器→溶解罐→投加螺杆泵→原水投加点，粉碳投加系统基本组成和石灰系统类似，内容详见石灰系统各部分介绍。

3. 石灰、粉碳投加系统运行管理

（1）操作规程

石灰、粉碳投加系统的操作规程分为料仓进料、启动前检查、手动或自动制备、投加系统操作等应按供应商要求具体制订，但要注意：

1）料仓停用时间超过 30d，关闭给料机与料仓之间的阀门，给料机及推进器应排空粉末避免堵塞。在停机期间，制备罐、管路及其他制备设备应冲洗避免结垢；螺杆泵切记不能干运行（无介质运行），在手动状态下一定要先打开稀释阀再开启螺杆泵，并要预先确定溶解罐中是否有介质。

2）在自动运行状态下，如溶解罐中液位低或稀释阀未打开或出口压力高于 0.5MPa，螺杆泵都无法运行。

3）螺杆泵首次启动，启动前，在泵里灌满清水，对定子橡胶起到润滑作用，并将进出口侧阀门全部打开。

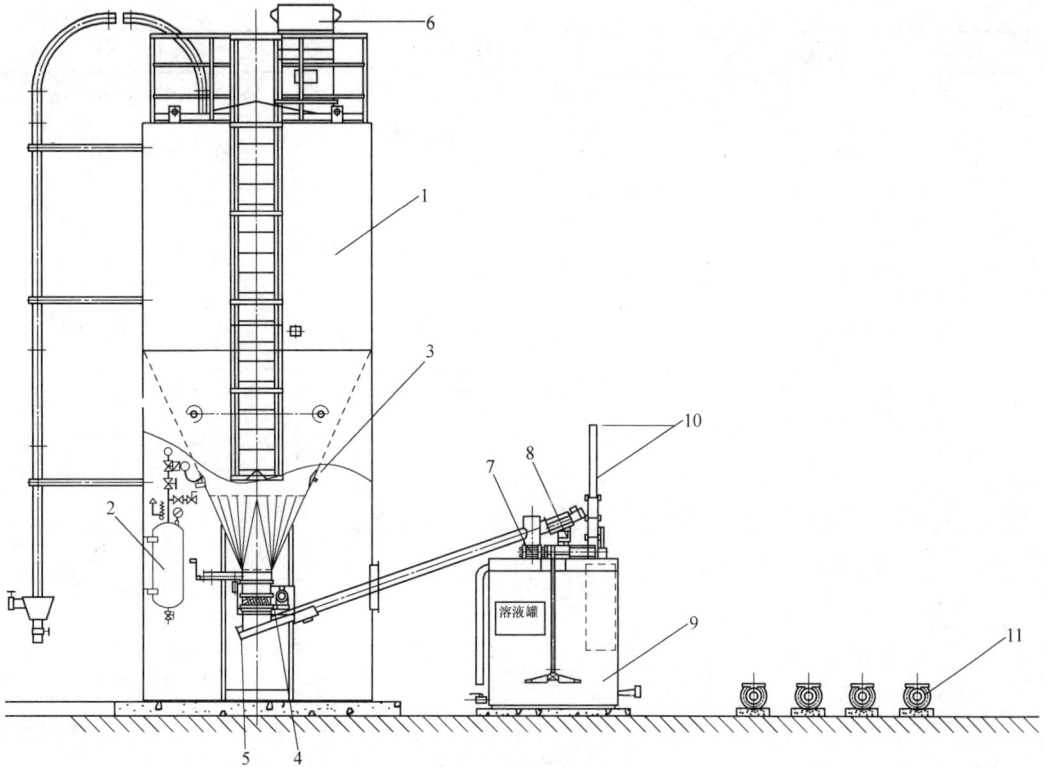

图 8-10　嘉兴市贯泾港水厂粉炭投加系统图

1—户外料仓；2—空穴振打储气罐；3—空穴振打系统；4—给料机；5—螺旋输送器；6—除尘器；
7—启动隔离阀；8—搅拌器；9—混合罐；10—水控除尘；11—螺杆泵

　　4）螺杆泵临时停泵后，须将泵内石灰乳液排空，以防堵塞。如停泵时间较长，应通知相关部门将定子拆下储存在干燥阴凉处，避免光照隔绝空气，以防止定子橡胶发生塑性变形。定子拆下后，转子应用木块支好，简易包装，防止机械碰伤。

　　5）备用泵长时间不用，应间隔一定时间后开动一次，以防止定子橡胶发生塑性变形。空压机应每天排水一次，以保持空气干燥。

　　（2）维护保养要求

　　石灰、粉碳投加系统的维护保养计划，见表 8-3。

石灰、粉碳投加系统的维护保养计划　　　　　　　　　　　表 8-3

设备	机组保养内容	维护方式	周期
螺杆泵	清洗	将泵拆开人工清洗	每月一次
	定子、万向节	检查磨损、检查密封和润滑	一季度一次
	驱动装置	更换润滑	运行 5000h 或两年一次
	轴承	更换轴承	运行 14500h
空压机	油位、冷凝液	检查油位、排放储气罐内冷凝液	每 50 个工作小时
	空气过滤器	清洁空气过滤器；检查冷干机的冷凝液是否自动排放；清洗冷干机的冷凝器；检查皮带的张紧	每 500 个工作小时

续表

设备	机组保养内容	维护方式	周期
螺旋输送	过滤器	更换空气过滤器、油、油过滤器	每 2000 个工作小时
	冷却器	清洗油冷却器翅片的表面,更换油分离器	每 4000 个工作小时
	检查驱动轴、轴承	预先用油脂润滑	
	填料(带油嘴)	用油脂润滑	每运行 200h 一次
	旋转鼓螺纹齿轮	填充人造油 MOBIL SHC 634 0.35L	首次 200～300h,此后每运行 10000 工作小时
	阻尼气缸、传送器轴	功能检查、检查磨损情况	每年一次
	升降平台	液压油	汽缸内的轴承每 1000 个循环一次,其他地方每 2000 个循环一次
螺杆	出口端轴承	补充润滑油脂	每 50 工作小时一次
		更换润滑油	每 7500 工作小时一次
	进口端轴承	补充润滑油脂	每 200 工作小时一次
		更换润滑油	每 7500 工作小时一次
	减速箱	黏度 220 的润滑油	首次 1000 工作小时后更换
安全阀/压力开关	阀门	检查附近是否有物料	每周一次
		彻底检查	每年一次
除尘器	阀门	检查是否堵塞	每周一次
	电磁阀和膜片阀	检查运行	每月一次
	水汽分离器、进气管、通道盖、夹头	检查是否堵塞、检查组构情况	每年一次
空穴振打系统	电磁阀	功能检查	每月一次
	空气罐	凝结水排空	每周一次
	阀座、膜片、节气门	清理	必要时
闸阀	阀体、轴杆、易损件、磨损件	润滑、列更换易损件	每六个月一次
给料机	齿轮箱	矿物油润滑:ISO VG220	每 10000 工作小时或两年一次
	螺旋轴承、出料口	一次性润滑,油位检查,特殊紧急时加油	每周一次
	法兰处、齿轮、链条	检查	每三个月一次
	进口、出口密封条、易损件等	80℃以上的物料用 SKF 润滑油 LGMT2 81～175℃ 的物料用 SKFLGQ3 润滑油	每三个月一次
		矿物油或合成油润滑:ISO VG220	每 10000 工作小时或两年一次

设备	机组保养内容	维护方式	周期
单螺旋推进器	齿轮箱	检查油位	每六个月一次
	轴承、出料口	一次性润滑,油位检查,特殊紧急时加油	每周一次
	法兰处、轴承和密封之间、易损件等	检查有无泄漏	每三个月一次
隔断阀	隔断阀	常规检查	每两周一次
搅拌机	齿轮箱	矿物油或合成油润滑:ISO VG220	每 10000 工作小时或两年一次
大力除尘器	除尘器	常规检查	每两周一次

第九章

臭氧系统运行和维护

第一节　臭氧的基本知识

1. 臭氧的简介

"臭氧"英文为"ozone"，是由德国科学家 Schonbein 在 1840 年命名的，取自希腊语 "ozein"一词，意为"难闻"。臭氧是地球上广泛存在的一种物质，大气层中臭氧使得地球上的生物免受紫外线的伤害，微量臭氧也会伴随着雷电在低空产生，它的特殊气味使人们认识到它的存在。它具有以下几个特性：（1）常温常压下，具有特殊的刺激性臭气。（2）浓度 15% 以上将略显青色，通常使用浓度下为无色。（3）具有极强的氧化特性，其氧化特性在天然氧化剂中仅次于氟素。

臭氧（O_3）是氧（O_2）的同素异形体，纯净的 O_3 常温常压下为蓝色气体，密度为 $2.143kg/m^3$（0℃ 760mmHg），与空气的密度比 1.657。O_3 是一种具有刺激性气味的有毒气体，人在 O_3 环境中工作的允许浓度值为 0.1ppm。O_3 在水中的氧化还原电位为 2.076V，比氯（1.36V）高出 50% 以上，因此 O_3 具有很强的氧化能力（仅次于氟），能氧化大部分有机物，能腐蚀金属。O_3 在水中的溶解度大于氧，采用一定的扩散方式，O_3 对水的传质系数可达 90% 以上。

O_3 极不稳定，会分解成 O_2，同时放出大量的热量。O_3 在空气中分解消失的半衰期为 12h，在水中的分解速度比在空气中快得多，水中 O_3 浓度为 3mg/L 时，常温常压下，其半衰期仅为 5~10min。由于 O_3 极不稳定，且无法储存，只能现场制备直接使用。O_3 可通过 O_2 制得。工业用 O_3 制备一般采用无声放电法：原料气（O_2 或空气）通过放电管间隙，气流中的一部分 O_2 在高电压作用下激发为氧原子，氧原子和其他 O_2 生成 O_3。这一过程中，在放电间隙将产生大量热量，它会加速 O_3 的分解而影响产量，必须采取适当的冷却措施。

2. 臭氧的使用简要历史

1840 年，臭氧被发现，且因其独特气味而命名。

1906 年，法国尼斯市设立全球第一座臭氧净水厂。

1937 年，美国出现第一座使用臭氧处理的商业游泳池。

1940 年，美国印第安纳州首度使用臭氧净水处理。

1975 年，全美超过 1000 个臭氧除臭装置被安装在污水处理场。

1982 年，瓶装水开始使用臭氧杀菌。

1984 年，所有奥运会的竞赛泳池全部用臭氧处理。

1989 年，美国环保署颁布地表水处理法规（The Surface Water Treatment Rules）纳入臭氧杀菌 CT 值。

2000 年，美国约有 300 座自来水厂使用臭氧辅助处理水质。

2001 年，美国 FDA 正式核准臭氧可以和食品接触，作为微生物抑制剂。

第二节　臭氧的制造方法

臭氧的发生方法有电晕放电法（也称无声放电法）、紫外线法、电解法、化学方法等。现在，工业用大量臭氧的制造方法以无声放电法最为合适。其原理是再俩具有均等间隙的电极间夹诱电体，并在两电极间加交流电压使间隙间无声放电，通过两级间的干燥空气产生臭氧，如果添加一定量的氮气（一般以空气替代），产生臭氧的效果会更好。

电晕放电法（corona discharge），传统观点认为臭氧生产有利的放电形式是均匀分布在放电空间的无声的电晕放电。一般认为放电法生产臭氧的过程如下：氧气分子的共价键被外来的高能量电子断开，当高能态氧原子重新组合成分子的时候就有一部分会构成臭氧分子。氧气分子的键能约为 6~8eV，臭氧分子分解的值能量为 2eV。因此，低于 6~8eV 水平的能量电子不能生成臭氧，只能促进臭氧分子的分解。所以在臭氧发生器中尽量减少低能量电子的比例，对于提高发生器的效率，降低生产臭氧能耗具有很大意义。

电晕放电所释放的热量有利于断开氧分子的共价键和促进氧原子之间的组合，但也会加速臭氧的分解。臭氧的分解是吸热反应：

$$O_3 \longrightarrow O + O_2$$

通过放电区域的氧气中只有一小部分能转化成臭氧，一个理想的放电通道应该具有较短的持续时间，合适的强度。每一次放电产生的臭氧应能立即输送到放电通道以外。放电通道的温度也应控制在合理的范围，以抑制臭氧的分解反应。由于原料气体中仅有一小部分会转化成臭氧，因此臭氧发生器的产出和投加臭氧时所应用的并不是纯臭氧，而是含有臭氧的气体，称为臭氧化气体。

往往采用冷却和提高气流速度的方法尽量保存生成的臭氧。因此在一定的范围之内，一般臭氧发生器的气流流量越高，产出的臭氧浓度就越低，但臭氧的绝对产量增加了。生产单位数量臭氧的电耗与气体流量的关系不定，一般有一个最低值，与发生器的设计有关。

臭氧发生器的产生效率与许多因素有关。其中主要有：电极的几何形状和放电间隙大小；原料气的性质和组成；产生温度；气体流量；放电电压、电压波形和交流电压频率；电介质的介电常数和电介质损耗系数；气体中的湿度等。

第三节　臭氧系统的组成

O_3 工艺的运用主要有如下三种形式：（1）O_3 预处理；（2）O_3 与颗粒活性炭过滤相结合的 O_3 生物活性炭处理；（3）O_3 消毒。无论采用何种 O_3 工艺，水厂 O_3 系统都由以下四个基本部分组成：（1）气源；（2）O_3 发生系统；（3）O_3 接触池；（4）尾气破坏系统。

臭氧发生系统组成示意（图 9-1）。

（1）气源系统：由气体输送装置（空压机、鼓风机）、气体干燥装置（吸附装置、冷却装置）和浓缩贮存装置等组成。气源制备一般可采用空气、液态纯氧蒸发和现场纯氧制备等方法。当用空气作气源时，空气质量必须满足无尘、无油、无水、无有机物及其他气体污染。因此，在空气进入蒸发器前必须进行除尘、除油、除湿等处理。

气源主要有三种，一是使用成品纯液态氧，二是现场用空气制备纯气态氧，三是直接利用空气。为了提高 O_3 的浓度，同时节省能耗，降低设备及管道尺寸，目前较先进的 O_3 发生器多采用前两种方式制备 O_3。第三种方式适用于 O_3 产量较小的场合。

（2）臭氧发生系统：包括：臭氧发生器、供电设备（调压器、升压变压器、控制设备等）及发生器冷却设备（水泵，热交换器等）。

（3）臭氧与水的接触反应系统：用于水的臭氧化处理，包括臭氧扩散装置和接触反应池。

（4）尾气处理系统：用以处理接触反应池排放的残余臭氧，达到环境允许的浓度。

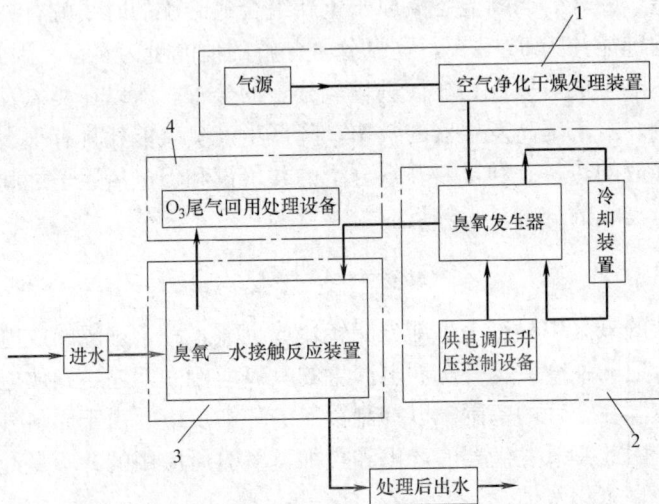

图 9-1　臭氧化法工艺系统组成示意
1—气源系统；2—臭氧发生系统；3—水—臭氧的接触反应系统；4—尾气处理系统

第四节　臭氧发生装置的种类和安装

1. 臭氧发生装置

臭氧发生装置包括臭氧发生器和其供电设备（调压器、升压变压器等）、电气控制和量测设备及空气净化设备等。

（1）臭氧发生器及其工作特点

在水处理领域中，主要采用以高压无声放电法生产低浓度的臭氧化空气。

臭氧发生器分为管式和板式两种，如图9-2、图9-3所示。

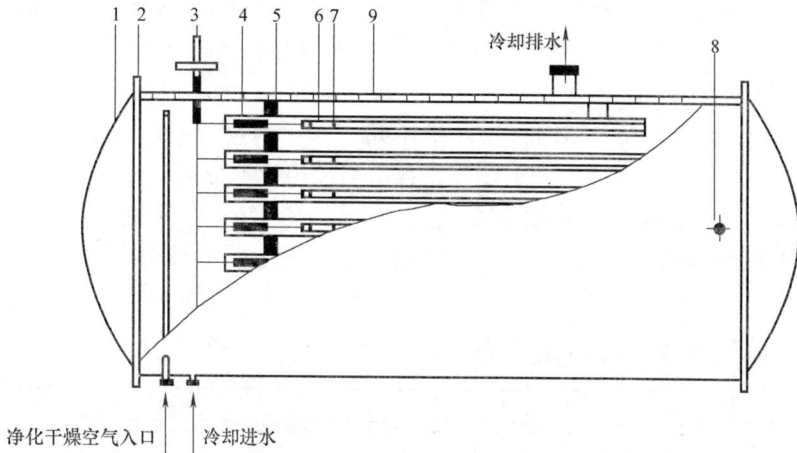

图9-2 管式臭氧发生器

1—封头；2—布气管；3—高压电极接线柱；4—高压熔丝；5—花板；
6—玻璃介电管；7—不锈钢管高压电极；8—臭氧化气出口；9—外壳

1）生产每千克臭氧的理论耗电量为0.82kW·h（或每千瓦小时的理论臭氧获得量为1220g）；但工业化生产实践中臭氧的耗电量一般在10~12kW·h/kgO$_3$以上。即95%以上的输入电能转变为其他形式的能量，主要为热能。因此，臭氧发生器需装设冷却水系统。

2）臭氧发生器运转稳定时，生产出来的臭氧化空气的气量和所含臭氧的浓度也稳定不变。当采用空气为气源时，臭氧化空气中的最高含臭氧浓度可达1.02%~1.22%（体积比，气温为25℃时）。采用纯氧可提高臭氧化空气中臭氧的浓度和单位电能的产率，此时臭氧浓度可达到6%~10%。

3）臭氧化空气的浓度和产率与输入电流的频率有关，频率增高则浓度和产率都增高。臭氧发生器按供电频率一般分为低频（如50~60Hz）、中频（400~1000Hz）和高频（2000Hz以上）三类。

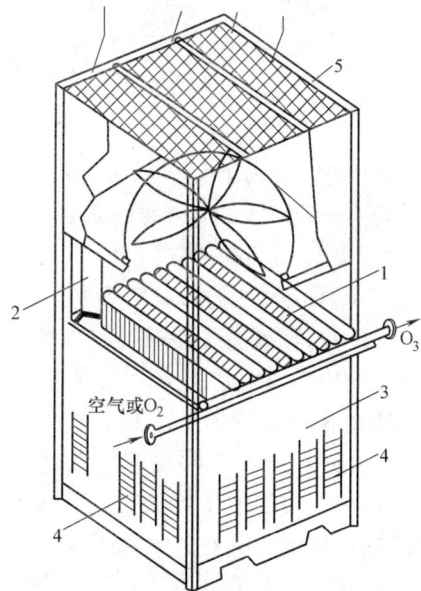

图9-3 板式臭氧发生器

1—臭氧发生器元件；2—挡板；3—百叶窗后固体电子设备；4—冷却空气进气口；5—冷却空气出口

4）当输入的电流频率不变且发生器运转稳定时，发生器所生产的臭氧化气中的臭氧浓度和产率以及单位臭氧产量所需的电耗，与输入的气量、气压和电压有关。

（2）臭氧发生装置必须放置在室内。室内应设置必要的通风设备和空调设备，满足其室内环境温度的要求。其用电设备必须采用防爆型。

2. 国内外主要臭氧制造商产品特点

（1）国外品牌的臭氧发生器

国内目前使用进口的臭氧发生器主要是瑞士 OZONIA、法国 TRAILIGAZ、德国 WEDECO、日本富士和三菱公司等。这些臭氧发生器特点是：

1）瑞士 OZONIA

瑞士 OZONIA 最早进入国内市场，采用其"Advanced Technology"非玻璃放电技术。"AT"放电介质的机械强度和耐热强度比玻璃放电介质更高，击穿电压高于 8 倍最高运行电压。其主要特点是：采用节状电介质管，电介质为薄搪瓷涂层，中频运行（800Hz），需要保险丝。图 9-4 为 OZONIA 公司臭氧发生器主要构造图。

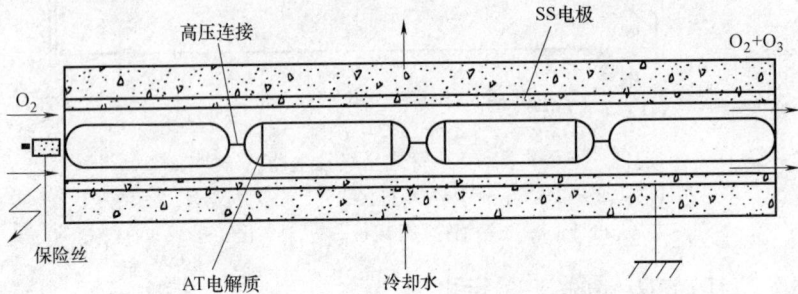

图 9-4　OZONIA-AT 基本构造

OZONIA 10kg/h 臭氧发生器，放电管的数量约 300 根，其中三根放电管串接组成一个"放电单元"，每一个"放电单元"均安装了独立保险丝。保险丝仅仅是保护"放电单元"，而且是使损坏的"放电单元"与系统其他部分隔离，这样可以保证即使有部分"放电单元"损坏，其他的"放电单元"可以不间断地继续运行。

OZONIA 臭氧发生器的气源为纯氧气加 3%氮气，供电单元应用 IGBT 技术，总谐波小于 4%，功率因素 0.99，运行在 4000V 电压和 600～1400Hz 频率条件下。供电单元通过调节电流来控制发生量，发生量调节范围 10%～100%，入口氧气量可调，臭氧发生器浓度 6wt%～13wt%之间可调。机身材料为 316L 不锈钢。

OZONIA 臭氧发生器通过系统仪器、仪表信号，送入设备自带 SIEMENS7-300 系列 PLC 控制，设备人机界面为触摸屏。臭氧车间控制系统通过 PROFIBUS-DP 协议能使每台臭氧发生器 PLC 和水厂 PLC 自控系统之间通信。根据进水流量变化，按设定的投加量进行自动调节；根据出水的余臭氧浓度及尾气中余臭氧浓度进行反馈调节；臭氧车间全自动控制能对氧气及臭氧的泄漏报警，并自动关机。

2）德国 WEDECO

德国 WEDECO 臭氧发生器采用玻璃绝缘双层放电技术，放电管外径特别小，约 11mm。每根放电管的活跃表面与所占空间的比例增加优势明显，一定容积内可以安装更多的放电管，为了保证长期运行的可靠性，放电管在不超过击穿电压 10%的电压范围内运行，但放电管不配单独保险丝。其主要特点是：双层放电空间，电介质厚度小，仅 11mm 左右，中频运行（200～600Hz），原料气中不需要加氮气。

WEDECO 臭氧发生器主要构造如图 9-5 所示。

WEDECO 10kg/h 臭氧发生器放电管数量约 1300 根，单台产量 10kg/L 以上时，WEDECO 使用立式放电管的容器，这种安装提供了导管的一致冷却，但由于存在双层放电空间，通过内置介质放电管的气体冷却效率较低。

WEDECO 臭氧发生器气源为纯氧，不需添加氮气，减少了配套设备，方便了日常运行和维护。供电单元应用可控硅技术，功率因数高于 0.92，运行在 8500V 电压 400～600Hz 频率条件下。控制及自控部分与 OZONIA 基本相似。

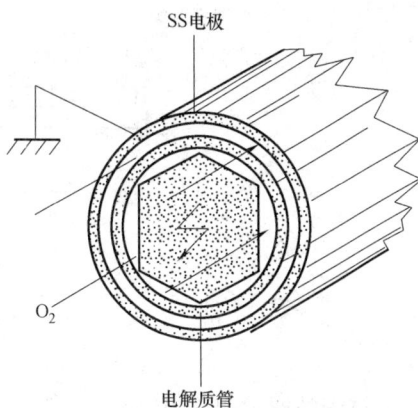

图 9-5 WEDECO EFFIZON 臭氧发生管构造

3）法国 TRAILIGAZ

法国 TRAILIGAZ 原是世界三大臭氧发生器制造公司之一，于 2003 年 3 月被德国 WEDECO 收购，成为 WEDECO 的子公司。其生产的臭氧发生器的主要特点是：采用节状电介质管（与 OZONIA 类似），采用玻璃电介质，高频运行（5000～7000Hz），构造图如图 9-6 所示。

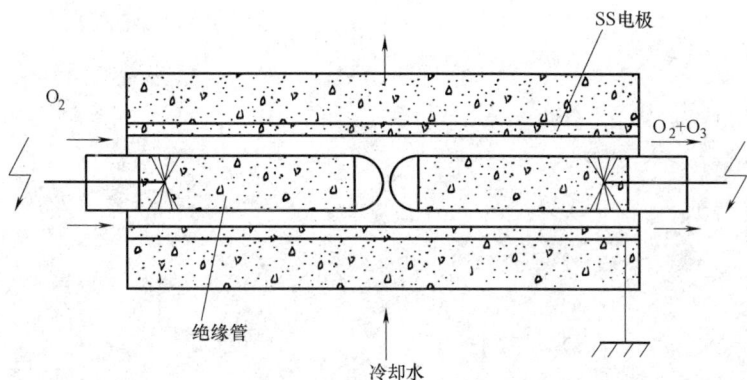

图 9-6 TRAILIGAZ 管式臭氧发生器基本构造

TRAILIGAZ 臭氧发生器采用高压放电管，由纯硅制成，这种材料可避免由金属管表面涂珐琅质制成的绝缘材料可能引起的裂缝等问题。约有 70 根放电管（10kg/h），不配单独保险丝。气源为纯氧加 3%～4% 氮气。供电单元采用更高的中频输出，设备运行在小于 2kV 电压和 5000～7000Hz 频率条件下，功率因数 0.92，控制和自控部分与 OZONIA 基本相似。

4）日本富士电机

富士电机臭氧发生器主要构造，如图 9-7 所示。其主要特点是：采用玻璃衬管电介

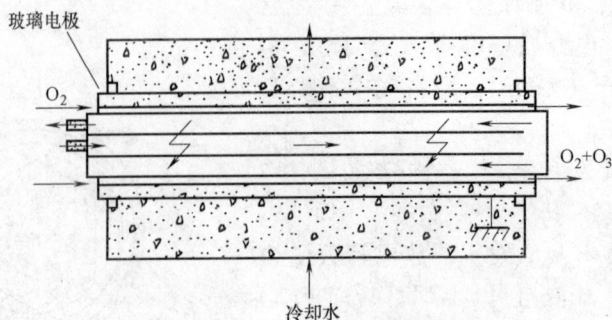

图 9-7　FUJI 电机臭氧发生管构造

质，放电间隙小，仅为 0.3mm，双面冷却，高频运行（3000～7000Hz），需要保险丝。

5）日本三菱臭氧发生器

三菱臭氧发生器采用化学耐久力强、耐电压高、介电常数稳定的玻璃管，放电间隙小，约 0.4mm。它开发了特殊的隔离电圈，防止了因气体压力而造成的玻璃管损坏，可高精度地保持放电间隙。

三菱 10kg/h 臭氧发生器放电管数量约 550 根，无独立保险丝。气源为纯氧加 1‰氮气，供电单元应用了 IGBT 技术，功率因数大于 0.95，运行在 5kV 电压和 2000Hz 频率条件下。控制及自控部分与 OZONIA 基本相似，其 PLC 为三菱公司生产，人机界面汉化，便于操作。

浙江省嘉兴市贯泾港水厂所使用的 4 台臭氧发生器均为日本三菱品牌，每台臭氧发生器的额定发生量为 15kg/h。如图 9-8 所示。

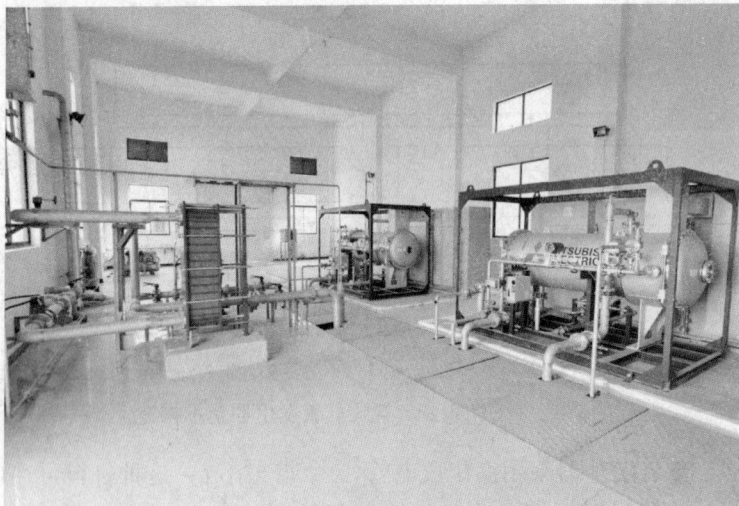

图 9-8　嘉兴市贯泾港水厂的臭氧发生器车间

（2）国内制造的臭氧发生器

与国外设备相比，国内臭氧发生器制造厂家起步较晚，但发展很快，随着技术的引进和创新，国产臭氧发生器在单机产量和性能上已有很大进步。主要生产厂家有青岛国林、江苏扬中康尔等。

国林臭氧发生器采用DTA非玻璃放电管（搪瓷涂层高压电极），击穿强度大于9kV。其生产的10kg/h臭氧发生器放电管数量约450根。三根放电管组成一个"放电单元"，并安装独立保险丝。气源为纯氧不需加氮气。设备运行在4.5kV和800～7000Hz频率条件下。其6～10kg/h臭氧发生器运行技术参数见表9-1所列，发生器产量与浓度、单位臭氧耗电量基本接近国外同类产品水平。

6kg/h臭氧发生器运行技术参数　　　　　　　　　　　　　表9-1

输入电源	380V/50Hz	臭氧浓度	60～80mg/L
电源频率	800～1000Hz	进气流量	12.5～20m³/h
电源电压	4.5kV	气源露点	−45℃
主机功耗	8kW/h	进气温度	15～20℃
冷却水流量	3～5t/h	冷却水温度	15～20℃

第五节　臭氧发生装置的运行和维护

1. 臭氧发生系统的操作控制

（1）臭氧化处理系统的运行控制

由于原水水量和水质经常发生变化，要求臭氧化处理系统的设备操作具有灵活性和可靠性。臭氧化设备的操作和控制有三种方法：

1）人工操作（人工调整电压频率）。

2）人工仪表配合操作（人工用监测仪表操作）。

3）计算机自动控制。

（2）臭氧发生器的监控要求

1）需进行电压、气量、气压、进出气温、进出冷却水温、水量等参数进行控制和监测；同时对生成的臭氧化气浓度进行量测。

2）对发生器的供电系统（如调压器、变压器等）和放电过程（放电现象、电压、电流及熔断保护控制监测等）进行控制和观测。

3）水—臭氧接触反应装置：对水质、水量、投加臭氧化气气量及浓度进行控制；对系统的机电设备，如泵、尾气量测与处理设备等进行控制。

2. 臭氧系统设备的安全管理

臭氧系统设备是由原料气体供应装置、臭氧发生器装置、冷却装置、电源和控制装置等组成，其安全要求是：

（1）原料气体供应装置

1）供臭氧发生器的原料气体，其水分浓度的露点温度应在规定要求以下，一般在−50～−70℃。

2）原料气体中有可能含有粉尘或盐分等情况时，则应具有去除它们的措施。

3）应使用不会因原料气体的组成、露点温度、臭氧气体等而造成变劣的材料。

4）应具有以下监测装置：监测原料气体流量的设施、检测原料气体中水分浓度（可由露点温度代用）的设施、高压机械应具有检测压力的设施、有加热的机械则应具有检测温度的设施。

5）应具有以下安全措施：

① 应设定原料气体的流量、压力、温度及露点异常值。

② 当上述各指标的测定值中被检测到超出设定的异常值时，则应有报警的设施并自动停止臭氧发生设备的运行。

③ 高压机械，加热机械应有妥帖的安全措施，以防止压力和温度过高。

④ 当原料气体为纯氧或富氧空气时，则应有防止高浓度氧气泄露的措施。

⑤ 空气压缩机或风机应符合振动限制及噪声限制的要求。

⑥ 氧气浓缩装置（PSA）、加热再生式的防湿、干燥机需符合劳动安全卫生要求。

（2）臭氧发生器装置

1）为避免爆炸的危险性，发生的臭氧浓度应在 10%vol. 以下。因放电等触发因素，臭氧浓度爆炸的下限为 10～11%vol.，故当臭氧浓度小于 10%vol.，全压即使在大气压以上也不会发生爆炸。

2）与臭氧接触的罐体、配管、密封垫、阀等均需用耐臭氧腐蚀的材料；用水或空气冷却时，其相接触部分也应使用耐臭氧蚀性材料或经防蚀处理。臭氧发生器一般使用防蚀铝、陶瓷、PTFE（聚四氟乙烯）等。

3）耐压试验应符合标准；水压试验时应在最大允许压力的 1.3 倍，气压试验则应在最大允许压力的 1.25 倍处保压 10min 以上，并确认无局部性的鼓起或伸长、泄露等异常。配管也需作上述同样的耐压检查。

4）无论是原料气体或含臭氧气体，臭氧发生设备中均应无气体泄漏。

5）含臭氧气体、原料气体及冷却水等配管和阀类上面均应有流体名称和流通方向的标识。

6）应设置以下监测装置

① 应设置监测臭氧发生浓度、冷却处的温度及冷媒流量的设施。

② 在装有臭氧发生设备的室内外（周边环境），应设置监测其臭氧浓度的设施。

7）应具有以下安全措施

① 当发生臭氧浓度、冷却温度及冷媒流量其测定值超过所设定的异常值时，应具有报警的设施。

② 当安装臭氧发生设备的室内，其臭氧浓度超过 $0.214mg/m^3$ 时，应具有报警的设施。

③ 当发生臭氧浓度超过其设定值时，应有自动停止臭氧发生装置运行的机制。

④ 应具有防止气体泄漏的措施。

⑤ 为防止压力异常升高，应设置压力调整装置、压力开关等。

⑥ 与高浓度臭氧相接触的部分，于装置运行前，应具有预先防止氧化膜形成而使温度快速上升的措施。[1]

---

[1]　与臭氧接触后不锈钢表面会被激剧氧化从而温度升高。为避免此类现象发生，应按运行条件将材料表面氧化以预先形成氧化膜。

⑦ 与臭氧相接的部分需做除油处理。[①]

⑧ 臭氧发生器开启高压电源前，应先通干燥气体一段时间以便排除机体和管路内的水分。[②]

⑨ 装置停运过程中，应具有防止罐体内结露和水渗入的措施。

⑩ 电路内应设置熔断器、断路器等安全设施。

⑪ 安装臭氧发生设备的室内应设置换气设备。

8）作业环境中的臭氧浓度标准

日本于 1985 年规定作业环境下臭氧允许浓度为 0.1ppm（$0.20mg/m^3$）。作业人员在一天 8h，一周 40h 左右的工作时间中，从事体力上并不剧烈的工作，如暴露浓度的算术平均值在此数值以下，则可认为对作业人员的健康几乎无不良影响。此暴露浓度指未戴呼吸护具时，作业人员在工作中吸入空气中的臭氧浓度。另外要求 15min 内的平均暴露浓度不能超过允许浓度的 1.5 倍。

（3）冷却装置

1）需监测冷媒温度、流量。

2）当上述指标的测定值出现异常时，应具有能停止臭氧发生装置运行并报警的机构。

（4）电源与控制装置

1）臭氧发生器所用电源装置，其额定二次电压应小于 15kV。结构、绝缘性能（绝缘电阻和绝缘强度）、各部分允许温度上升值、输入电流允许值（水电解法电源）、噪声功率允许值（连续性噪声）均应符合电气及劳动卫生等有关规定。

2）随着负荷变动（臭氧的需求量变化）应能控制所发生臭氧的浓度。

3）紧急时应可手动直接停止臭氧发生作业。只要装置在运行中有异常状况信号出现，这个信号便是最优先的信号，第一时间内停止装置运行，从而使装置能处于安全状态。

4）在构成臭氧发生装置的机械中，应设置联锁回路和当处于异常状态时的安全动作控制回路（自动防止故障特性 fail-safe）。

---

① 与臭氧相接触的材料表面如附着油脂等有机化合物，则会与臭氧发生反应而发热。发热会促进臭氧的自行分解，某些情况下甚至有发生爆炸的危险。

② 与高浓度臭氧共存的 NO_x 易溶于水，产生 N_2O_5。N_2O_5 溶于水后变为硝酸，从而腐蚀材料。

第十章

污泥干化系统的运行和维护

第一节　污泥干化的发展现状和意义

1. 国外自来水厂排泥水处理发展概况

发达国家的自来水厂排泥水处理经过几十年的发展，已有较系统、完整的处理设施和技术。日本于 1975 年 6 月颁布了《水质污浊防止法》，规定设有沉淀池和滤池的自来水厂，其排水必须经处理在符合水质排放标准后才能排出，从法律上规定了自来水厂必须进行排泥水处理。欧美等国较大的自来水厂一般均配置有较完善的、自动化程度较高的排泥水处理设施。一些规模较小的自来水厂也用专门车辆将排泥水输送到大水厂进行脱水处理。据资料介绍，欧洲许多国家的自来水厂的排泥水处理率已达 70%，日本则达 80%以上。

2. 排泥水处理在我国的发展

我国水厂排泥水处理的研究开始于 20 世纪 80 年代。1987 年上海市自来水公司开展了"水厂排泥水处理研究"，1993 年北京市自来水公司田村山水厂排泥水处理设施是国内首次用于净水厂的污泥脱水装置。1996 年 9 月 6 日石家庄润石水厂建成通水，设计能力 $30 \times 10^4 \, \text{m}^3/\text{d}$，是我国第一个排泥水处理设施与水厂同时启用的水厂。1997 年 6 月北京市第九水厂排泥水处理工程建成投产，水厂设计总规模为 $150 \times 10^4 \, \text{m}^3/\text{d}$，是国内目前最大的水厂排泥水处理设施。

1997 年上海市自来水公司、同济大学、上海市环境科学研究院在上海闵行水厂共同开展了"自来水厂排泥水处理工程生产性试验研究"。该研究主要包括污泥处理设计规模的确定、聚丙烯酰胺预处理药剂的筛选和最佳投加量的确定、污泥离心脱水生产性试验、脱水后泥饼的处置和资源化利用等。

近 10 年来，一大批新建水厂如上海市闵行水厂、深圳市梅林水厂、杭州市祥符水厂、南星水厂、广州市西洲水厂、无锡市梅园水厂、苏州市新加坡工业园区水厂，以及浙江省 $10 \times 10^4 \, \text{m}^3/\text{d}$ 以上的许多县级水厂都相继建成了水厂排泥水处理设施。大批正在建设和筹备建设的水厂也都考虑了排泥水处理设施，我国已进入水厂排泥处理设施建设和发展时期。

3. 我国对自来水厂排泥水处理的法规要求

我国对自来水厂排泥水处理尚没有专门的法规。但《室外给水设计规范》GB 50013已明确"净水厂排泥水处理后排入河道、沟渠等天然水体的水质应符合现行国家标准《污水综合排放标准》GB 8978"。《污水综合排放标准》GB 8978 规定生产废水排入水体Ⅲ类水域执行一级标准，即悬浮物含量不能超过 70mg/L；排入Ⅳ、Ⅴ类水域执行二级标准，悬浮物含量不超过 200mg/L；排入城市下水道并进入二级污水处理厂进行生物处理，执行三级标准，悬浮物含量不能超过 400mg/L。对于排入未设置二级污水处理的城市下水道，必须根据下水道出口受纳水体的功能要求，分别执行一级或二级标准。

自来水厂的生产废水特别是沉淀池排泥水，悬浮物含量一般都在 1000mg/L 以上，有时高达 10000mg/L，如果这些废水不加以处理，直接排入水体和下水道，将造成河道、湖泊的淤积，下水道的堵塞。

各地环保部门据此对新建自来水厂排泥水处理都提出了治理要求。

4. 《浙江省城市供水现代化水厂评价标准（2013 版）》对排泥水处理的要求

（1）《浙江省城市供水现代化水厂评价标准（2013 版）》对排泥水处理的要求是"排泥水得到有效治理，污水达标排放率 100%。有完善的污泥处置设施。"

（2）评价内容与方法

1）有完善的排泥水、污泥处理设施（排泥水由管道送至污水处理厂处理也可）。

2）有完整的污泥处理设施运行记录。抽查记录 10 份，该记录包括污泥装置的运行、处理设施运行情况。

3）污水排放按照《污水综合排放标准》GB 8978，达标排放率为 100%。排放水每年委托环保部门检测一次及以上，需检测 SS、pH、BOD_5 和 COD_{cr}，达标排放率按环保部门提供的数据计算。

第二节　污泥干化系统的组成

狭义上的污泥干化系统指的是污泥脱水系统、加泥加药系统、污泥输送和料仓系统。而广义的污泥干化系统除包含狭义上的污泥干化系统外，还应包括排泥排水池、污泥浓缩池、污泥平衡池等配套设施。

目前国内采用机械脱水的排泥水处理系统大致有带式压滤机、板框压滤机和离心脱水机以及串螺叠螺脱水机四种工艺流程。而其中以带式压滤机、板框压滤机和离心式脱水机最为常用，其性能综合比较见表 10-1 所列。

常用脱水机性能比较　　　　　　　　　　　　　　　　表 10-1

机型 项目	带式压滤机	板框式压滤机	离心式脱水机
脱水原理	重力过滤和加压过滤	加压过滤	由离心力产生固液分离
工作状态	连续式	间断式	连续式
对进机污泥含固率要求	3%～5%	1.5%～2%	3%～5%

机型 项目	带式压滤机	板框式压滤机	离心式脱水机
管理难易	较方便(滤带需定期更换)	较复杂(滤布需定期更换)	方便(螺旋输送器叶片易磨损)
环境卫生条件	由于是敞开式,卫生条件差	卫生条件相对较差	全封闭,卫生条件好
噪声	小	中	大(由于转速高)
占地面积及土建要求	与板框压滤机相比占地面积稍小	由于本身体积大,且辅助设备多,占地面积大,土建要求高	设备紧凑,占地面积小
辅助设备	空压机系统,滤布清洁高压冲洗泵系统	空压机系统,滤布清洗高压冲洗泵系统,较复杂	不需要辅助设备
自动化程度	实现全自动化有一定难度	实现全自动化有一定难度	容易实现全自动
泥饼含固率	15%~20%	30%~45%	20%~25%
滤液含固率	高(>0.05%)	少(仅0.02%)	较高(0.05%左右)
泥饼稳定性	较差	好	较好
能耗(kW·h/tDS)	10~25	20~40	30~60
絮凝剂用量	聚合电介质3~4kg/tDS	20%~30%CaO/SS	聚合电介质2~3kg/tDS

1. 带式压滤机脱水的排泥水处理系统

采用带式压滤机脱水的排泥水处理系统。滤池反冲洗排水和沉淀池排泥水排入排泥池,然后经浓缩池浓缩后用泵送至带式压滤机脱水。浓缩池上清液回用,高分子絮凝剂可分别加注于浓缩池或脱水机前。脱水机的分离液排入市政污水管网。

2. 板框压滤机脱水的排泥水处理系统

采用板框压滤机脱水的排泥水处理系统。沉淀池排泥水和滤池反冲洗的排水合并进入排泥池,经排泥池预浓缩,上清液回流,沉泥进入辐流式浓缩池。浓缩污泥投加高分子絮凝剂,然后经板框压滤机脱水。

3. 离心脱水机脱水的排泥水处理系统

采用离心脱水机的排泥水处理系统。滤池冲洗水全部回用,沉淀池排泥水进入排泥池。经排泥池调节后进入浓缩池浓缩,上清液回用。浓缩污泥经平衡池后用离心脱水机脱水。脱水前投加高分子絮凝剂,脱水分离液排入市政污水管网。

4. 串螺叠螺脱水机的排泥水处理系统

叠螺污泥脱水机属于螺旋压榨脱水机,通过螺杆直径和螺距变化产生的强大挤压力,以及游动环与固定环之间的微小缝隙,实现对污泥进行挤压脱水。使用机制:(1)脱水机的主体是由固定环和游动环相互层叠,螺旋轴贯穿其中形成的过滤装置,前段为浓缩部,后段为脱水部。(2)固定环和游动环之间形成的滤缝以及螺旋轴的螺距从浓缩部到脱水部逐渐变小。(3)螺旋轴的旋转在推动污泥从浓缩部输送到脱水部的同时,也不断带动游动环清扫滤缝,防止堵塞。(4)污泥在浓缩部经过重力浓缩后,被运输到脱水部,在前进的过程中随着滤缝及螺距的逐渐变小,以及背压板的阻挡作用下,产生极大的内压,容积不断缩小,达到充分脱水的目的。

第三节　污泥干化设备的运行和维护

1. 带式压滤机

（1）工作原理

带式压滤机是使浓缩后的污泥在上下两层滤布中承受压力、剪力而脱水。污泥在压力区的状态是上下受挤压，两侧为开放式，其受挤压的空间是不密闭的，因此带式压滤机对污泥进机浓度有一定要求。与板框压滤机相比，要求的污泥含水率相对较低。进机污泥含水率一般要求不大于 95%，且进入带式压滤机前需进行凝聚预处理，形成大而强度较高的絮凝颗粒。否则进泥容易从滤布两侧挤出，或直接从滤布渗出，最后的脱水产品污泥是稀薄状而不能形成泥饼。

带式压滤机脱水一般分以下几个区域，如图 10-1 所示。

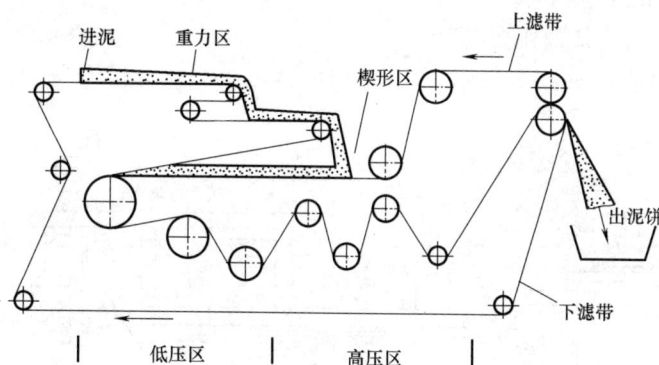

图 10-1　带式压滤机工作原理

1）重力区

带式压滤机在压榨脱水之前，有一水平段，在这一段上大部分游离水借自身重力穿过滤带，从污泥中分离出来，形成不流动的，初步可以承受外力挤压的状态。一般重力脱水区可脱出污泥中 50%～70% 的水分，使污泥的含固率增加约 5%～7%。此段长度为 2.5～4.5m 左右。在此段内设有分料耙和分料辊，可将污泥疏散并均匀分布在滤布表面，使之在重力脱水区更好地脱去水分。

2）楔形区

楔形脱水区是一个三角形的空间，两滤带在该区逐渐靠拢，污泥在两条滤带间开始逐渐受到挤压。在该区段内，污泥又脱去一部分水分，其含固率进一步提高，并由半固态向固态转变，形成了较大的污泥内聚力。为进入压力脱水区段受一定的压力和剪力作好准备。

3）低压区

污泥经楔形区后，被夹在上、下两条滤带之间，并随滤带一起绕辊筒作S形上、下移动。施加到泥层上的压榨力与滤带张力和辊筒直径有关。在张力一定时，辊筒直径越大、压榨力越小。压榨机前面三个辊直径较大，一般为 500～800mm，施加到泥层上的压力较小，因此称低压区。污泥经低压区脱水后，含固率和内聚力会进一步提高，为接受高压脱水段承受更大的压力和剪力作好准备。施加给上、下滤布污泥层的压榨力必须与其污泥浓度相适应。如果没有重力浓缩段直接进入低压脱水段，或没有低压脱水段直接进入高压脱水段，污泥层承受不了施加给它的剪力和压力，而产生蠕变有可能从滤布两侧挤出，或从滤布上、下两面渗出。

4）高压区

经低压区脱水后的污泥，进入高压区后，受到的压榨力逐渐增大，其原因是辊筒的直径越来越小。高压区辊筒直径一般为 200～300mm。在高压脱水段，上下交错的压辊使滤布中的泥饼成形，此时，剪应力的升高使污泥颗粒间发生相对位移，进一步迫使间隙水沿新开成的水流通道排出。污泥经高压脱水后，其含固率进一步提高，一般为 20%。可用输送机输送至堆放场，或直接装车送至厂外。

低压脱水和高压脱水，统称为压榨脱水。常见的带式压滤机辊数目为 4～11 个，压辊直径在 150～1200mm 范围内。

（2）带式压滤机构造及主要部件

带式压滤机构造如图 10-2 所示。主要部件为：

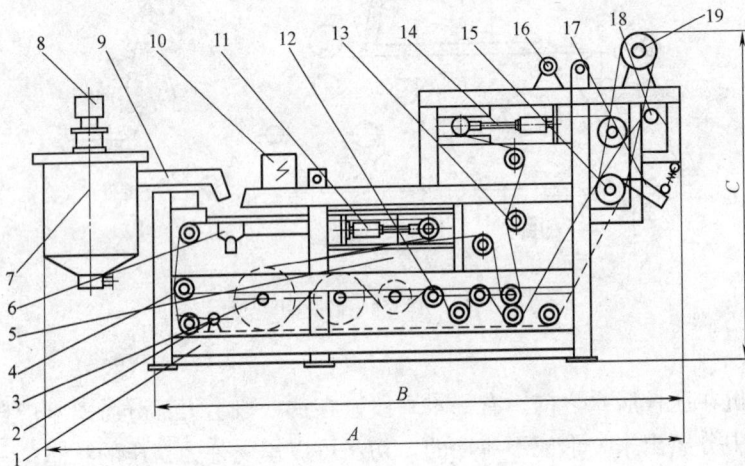

图 10-2 带式压滤机构造

1—机架；2—下清洗装置；3—低压区；4—下调偏装置；5—楔形区；6—接水盘；7—污泥混合器；
8—混合器减速装置；9—进料区；10—机控箱；11—下涨紧装置；12—高压区；13—上调偏装置；
14—上涨紧装置；15—滤带；16—上清洗装置；17—出料盘；18—上刮板；19—电机及减速机

1）主传动装置

由于污泥的种类较多，性质各异，要求带式压滤机能适应较宽的工作范围。主传动系统一般采用无级调速。常用交流电动机—磨擦盘无级调速—蜗轮减速直联两级减速，实现滤带速度的无级调节。

滤带速度一般为 0.5～5m/min，对于不易脱水污泥如自来水厂含 $Al(OH)_3$ 的亲水性无机污泥及其他有机成分较高的污泥应取低速，对于含泥砂较多的无机污泥可取高速。

2）滤带的张紧及矫正装置

对于处理不同性质的污泥，要求滤带的张紧力能够调节。滤带张紧拉力常用气动或液动系统来实现。改变气体或液体的压力即可调整滤带的拉力。采用气动系统，气体减压阀的压力一般在 0.1～0.4MPa 之间调节，常用滤带的张紧气压为 0.2～0.3MPa。气体传动与液体传动相比，具有动作平稳可靠、灵敏度高、维修方便，没有污染等特点，因此气压传动比液压传动应用得更多。

正常工作时，滤带允许偏离中心线两边 10～15mm，超过 15mm 时，滤带矫正装置开始工作，调整滤带的运行。如果矫正装置失灵，滤带得不到调整，当滤带偏离中心位置超过 40mm 时，应有保护装置，使机器自动停机。

3）传动辊、压榨辊及导向辊

带式压滤机有各种不同直径的辊，其结构形式相似。一般高压脱水段或直径小于500mm 的压榨辊都是用无缝钢管，两端焊接轴头，一次加工而成。为增加主传动轴和纠偏辊的摩擦力，在外表面衬一层橡胶。在低压脱水段使用直径大于 500mm 的压榨辊，一般用钢板卷制而成。由于此工作段污泥的含水率较高，常有辊筒表面钻孔或辊筒表面开有凹槽，以利于压榨出来的水及时排出。

除了衬胶的压榨辊外，一般压榨辊表面均需特殊处理，涂以防腐层以提高其耐腐蚀性，或采用不锈钢材质。涂层应均匀、牢固、耐蚀、耐磨。衬胶的金属辊，其胶层与金属表面应紧密贴合、牢固、不得脱落。

为了保持滤带在运行中的平稳性，设备安装后，所有辊子之间的轴线应平行，平行度不得低于《形状和位置公差　未注公差值》GB/T 1184 规定的 10 级精度。对于直径大于300mm 的辊子，在加工制造时应使用重心平衡法进行静平衡检验，辊子安装后要求在任何位置都应处于静止状态。

4）机架

机架是用槽钢、角钢等型材或用异型钢管焊接而成。其主要作用是安装传动装置和各种工作部件，起到定位和支承作用。对机架的要求，除了有足够的强度和刚性之外，还要求有较高的耐腐蚀能力，因为它始终工作在有水的环境之中。

5）滤带冲洗装置

滤带卸去滤饼后，上、下滤带必须清洗干净，以保持滤带的透水性，以利于脱水工作连续高效。对于一些黏性较大的污泥，常堵塞滤布的缝隙不易清除，故冲洗水压力必须大于 0.5MPa。

6）安全保护装置

当带式压滤机发生严重故障不能连续、正常运行时，应自动停机报警。带式压滤机应设置以下保护装置：

① 滤带张紧采用气压时，当气源压力小于 0.5MPa 时，滤带的张紧压力不足，应自动停机并报警。

② 当冲洗水压小于 0.4MPa 时，滤带不能被冲洗干净而影响循环使用，应自动停机报警。

③ 运行中滤带偏离中心，超过 40mm 而无法矫正时，应自动停机报警。

④ 机器侧面及电气控制柜上，设置紧急停机按钮，用于紧急情况下停机。

（3）运行管理要点

1）溶药系统运行注意要点

① 通过阀门调节进入混合器中的水量，既不能过大溢出，又要保证形成足够的旋流将干粉带走。

② 系统的溶药速度应大于用药的速度。

③ 保持干粉出料口干燥畅通，否则需及时清理。

④ 溶药箱内不应存在可能造成加药管路堵塞的杂物或沉淀物，应时刻注意出料池的低液位信号是否正确，以防止出料池抽空，造成给药螺杆泵干磨损坏。

2）脱水系统运行中的注意事项

① 每天设备投入正常运行前，先空机运转 5～10min，确认设备运行正常后，再投入生产。

② 空压机储气罐每天放水一次。滤带冲洗效果不佳时，需检查喷头、进水过滤网和冲洗泵。滤带冲水喷头每周清理一次，日常工作中若单组有三个以上喷嘴堵塞时应及时处理，保证滤带透隙率。

③ 因故停车或跳闸后，必须将调速开关旋钮回到"0"位，开机时逐渐调整到需要转数。

④ 每星期彻底冲洗一次接液盒及各托辊，达到接液盒没有淤泥、托辊没有沾泥。

⑤ 及时清理调偏限位开关盒内积泥，保证开关动作灵活。

⑥ 各滚动轴承每月初检查注油一次并做好记录。如静态混凝器发生堵塞，及时清理并做好记录。

⑦ 滤带跑偏必须及时调整并查找原因，做到无刮带、折带、断带现象发生。

⑧ 保证减速机油位、两连体油杯油位正常。当出料口泥量较少时，应及时切换进泥管。

⑨ 认真填写交接班日志，产品量、药耗、设备情况必须记录清楚。

⑩ 溶药系统与脱水机都应按厂家提供的产品说明书制定操作规定。

（4）常见故障及处理方法

1）跑偏

滤带的跑偏程度是带式压滤机能否正常和长期稳定运转的关键。在配套设备工艺系统正常的情况下，往往因为带子严重跑偏，导致设备被迫停转，影响设备正常运转。

导致滤带严重跑偏（使设备不能正常运转）因素较多，首先可能有制造出厂时部件精度及合理性的问题、安装调试问题、滤带质量问题、调偏系统是否设置合理等问题。滤带严重跑偏也与操作者的不良操作或设备的使用状态有关。常见的有以下几种情况：

① 操作中将入料中心布偏，或布料器使用不当。也就是说布料不均匀，或偏左，或偏右。当物料进入挤压段时，一侧的滚筒上的物料偏厚，另一侧则偏薄，这时滤带就会跑偏。此时虽然调偏系统正在工作，但是由于偏心力太大，无法将滤带往另一侧调整，导致滤带严重跑偏，最后只能人工调整或者停车调整。

② 絮凝不理想，或滤带破损。使物料通过滤带网孔，被挤压到滚筒上，导致辊面上形成一些厚度不均衡的泥膜，滤带会向辊子挂泥较厚的一侧跑偏。

③ 两侧张紧缸行程不等。这时会向行程较大的一侧跑偏。应检查气缸活塞是否串气、杠杆伸缩是否受阻、两侧风源是否压力不均等情况。

④ 滤带破损或使用期限过长，造成两侧张力不均。应及时修补或更换滤带。

⑤ 由于检修或其他原因造成辊筒位置变化，或造成布料框或接液盒横梁等部件对滤带两侧的压力或摩擦不均。

上述情况造成的跑偏，如超出调偏系统的纠偏能力，往往无法用调偏系统来校正，应及时查明原因采取相应措施进行处理。

2）滤带冲洗

滤带冲洗也是该设备的一个十分关键的环节。操作中往往因操作者对此重视不足，而导致设备不能正常运转。带式压滤机冲洗滤带是在滤带完成了一个工作周期后，把滤带内含有影响进一步脱水的固体或者说被挤压在滤带缝隙中的泥渣冲洗掉，使滤带尽可能的完全恢复最佳的透水效果，继续出色完成下一个工作周期，循环往复下去。如果冲洗效果不好，使滤带缝隙的泥渣没有被冲洗掉或大部分没有被冲洗掉，进入下一个周期时，严重影响滤带的透水效果，直接影响泥饼产量和泥饼的含水率。大量物料中的水没有在重力脱水段等各段排出或挤出，物料会被迫从滚筒两侧排出，这就影响到了设备的正常使用。因此，操作者必须高度重视滤带的冲洗效果，维护好设备冲洗装置的冲洗滤带功能。

3）"跑料"

过多布料和滤带冲洗不好，会导致物料从滚筒两侧被挤出，这种现象俗称"跑料"。"跑料"还与压力和絮团效果有直接关系。压力过大，使絮团完的物料从楔形预压段进入挤压段后，突然增压过大，还没有从流动状态达到稳定状态，即被强大的压力挤出，这是滤带受气缸作用压力过大所至。此时应适当调整气缸压力。此外由于絮团状态不好，即物料没有形成良好的絮团，只处于一般的絮凝状态，物料内还含有大量的间隙水没有被分离出来，处于较强的流动性状态，经过挤压，往往大部分被挤压出来。因此，操作者当看到"跑料"时，要认真分析其原因，采用相应的措施。

4）含水率

设备说明书中都说明了处理不同物料结果的含水率。物料的含水率除了与物料自身特性有关外，还与滤带的张紧力、滤带的速度和布料的厚度有关。在同等条件下，张紧力过高时，带速慢时，滤饼薄时，相对应的泥饼含水率低，反之则高。因此，操作者可掌握上述相互制约关系，根据需要调整好设备的操作运行。

5）絮凝剂的配制浓度

高分子絮凝剂是比较昂贵的，但在实际应用中投加量不是很多，因此科学掌握絮凝剂投加对增产节支大有好处，对设备正常运行也大有好处。从理论与生产实践都证明，絮凝剂投加量不宜过多，否则一是浪费药剂，二是沾黏带子直接影响冲洗滤带效果，三是絮团效果不好，达不到最佳絮团状态，因为颗粒表面被聚合物分子过饱和，高分子的自由末端也可以吸附在同一表面上，形成弯曲状，相邻颗粒间的架桥结合数因而减少，就会导致絮凝恶化。絮凝剂的配制与所要处理的物料含固率有关。同样分子量的高分子絮凝剂，物料含固量高，配制比率要低，反之，物料含固量低，配制比例要高。在投加中更要讲求科学。目前，尚无科学仪器来帮助操作者如何使投加量达到最佳效果，但是操作者可以通过自己的责任心、工作的熟练程度和摸索到的经验来掌握。

2. 板框压滤机

（1）一般要求

1）进入板框压滤机前的含固率不宜小于2%，脱水后的泥饼含固率不应小于30%。

2）板框压滤机宜配置高压滤布清洁系统。

3）板框压滤机宜解体后吊装，起重量可按板框压滤机解体后部件的最大重量确定，如脱水机不考虑吊装，则宜结合更换滤布需要设置单轨吊车。

4）滤布的选型宜通过试验确定。

5）板框压滤机投料泵配置宜采用容积式泵，自灌式启动。

（2）工作原理

板框压滤机是一种间歇加压过滤设备，其脱水的工作原理是将浓缩后的污泥用投料泵输入压滤机的滤室，对污泥进行加压、挤压，使滤液通过滤布排出，固态颗粒被截留下来，以达到固、液分离的目的。

板框压滤机本身只是在压力下将一定数量的过滤板加以固定的一种装置。由于滤板两侧工作面均为中间凹进，当两块滤板闭合时，板与板之间即形成一个容留污泥的腔室——滤框。所有滤板均包有滤布，接在一起形成一连串相邻的滤框。当排泥水在滤框内受压脱水变成泥饼后，分开滤板，泥饼就与滤布分离落入下部输送带运走。由于泥水在密闭状态下受压脱水，固态颗粒不易漏出，故比较适合给水污泥亲水性强、固液分离困难的特点，使进泥含水率可相对较高些，泥饼含水率则较低。

板框压滤机脱水过程一般分 4 个阶段，第一阶段滤板压紧即为预备阶段，滤板已卸出泥饼，关闭完毕，准备进入第二阶段。第二阶段是加压脱水投料泵启动，将泥送入滤框中，在 5～15min 内充满板框压滤机滤框中泥室，然后进行压力过滤，滤液通过滤布流出，经收集后回收利用或排入下水道。滤室里初步形成泥饼。第三阶段是隔膜挤压阶段，用压缩空气或压力水进行挤压，挤压压力为 1.5MPa，形成含水率更低的最终产品泥饼。第四阶段是打开滤框，卸出泥饼，冲洗滤布，直至关闭滤板。其结构原理如图 10-3 所示。

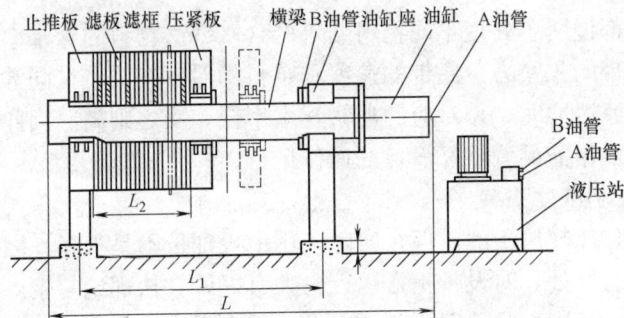

图 10-3　板框压滤机脱水系统图

（3）板框压滤机构造

板框压滤机从构造上有两种类型：一种是一段式压力过滤，过滤压力为 0.4～0.6MPa，加压压力由投料泵提供；另一种是在压力过滤终止后又进行薄膜挤压的两段式加压、挤压过滤设备。前一段加压压力与一段式相同或稍低，由投料泵提供；后一段薄膜挤压压力由压缩空气或压力水流提供。薄膜挤压的压力为 1.0～1.5MPa。带薄膜挤压的板框压滤机虽然构造复杂，但要求的进机浓度相对较低，且泥饼的含水率也较低，是实施无加药脱水的首选脱水设备。

图 10-4 是带薄膜挤压的两段式板框压滤机的构造图。

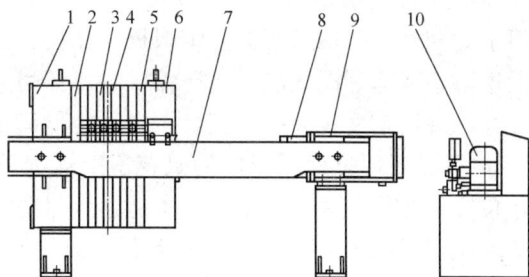

图 10-4　两段式板框压滤机构造图

1—止推板；2—头板；3—滤板；4—滤布；5—尾板；6—压紧板；

7—横梁；8—液压缸；9—液压缸座；10—液压站

板框压滤机是一种用压力将一定数量的过滤板加以固定的一种装置。由尾板、滤框、滤板、主梁、头板、压紧装置几部分组成。两根主梁将尾板和压紧装置连成一起构成机架，机架上靠近压紧装置的一端放置头板，在头板与尾板之间依次排列着滤板和滤框，形成一连串相邻的小室，板框间夹着滤布。板框压紧后，板框与其两侧的滤板构成滤室，用于积存滤渣。当有薄膜时，在过滤部分后方有一个空腔，充满气体或压力水时，可对滤饼进一步挤压，去除残余水分。板框压滤机的压紧形式有手动螺旋压紧装置及液压压紧装置。为便于系统的自动控制，目前大多数采用液压压紧装置。

（4）板框压滤机附属设备

板框压滤机的附属设备与板框压滤机的形式及构造有关。附属设备应与主机板框压滤机协调动作。因此，应强调在选购主机的同时，由供货商将其附属设备、现场控制设备组成一个系统配套提供。板框压滤机的附属设备主要有：

1）污泥平衡池

平衡池中设扰流设备、液位计及污泥浓度计和药剂投加点。

2）药剂制备系统

脱水前处理采用聚丙烯酰胺（PAM）作絮凝剂，药剂为干粉袋装，药剂存放按 15d 用量考虑。干药粉剂装入干药箱漏斗后，经鼓风机送入水射器按比例稀释后输入混合桶，混合桶溶液浓度为 0.5%，混合桶出药经输药泵输送，稀释泵稀释至 0.2% 浓度输入储药罐，或将 0.5% 的药液直接在储药罐内加定量水混合稀释至 0.2%，药液储罐一般设在二楼，可重力投加至投药点，即两台投料泵的吸入侧。

3）污泥投料泵

投料泵是向板框压滤机投送污泥的设备。投料泵从平衡池中吸取污泥。泵的选型应是适合于在变化幅度非常大的工作条件下运行。在一个周期的开始，投料泵输送的污泥只是用来填充板框压滤机的小室，泵的压力较低。但当板框压滤机小室充填满后，小室里的污泥越来越密实，滤液透出滤布的阻力越来越大，污泥逐渐被压实，投料泵的压力逐渐增大，流量越来越小。一个周期完成时，过滤流量下降到最初流量的 5%～10%，最有效的投料泵系统应该是在一个周期内流量逐渐减小，压力稳定地增加到最大值。因此投料泵的运行应与过滤压力成闭环控制。这样就可以用过滤压力来控制一个周期的长短。

投料泵的选型应注意以下几点：

① 当进机污泥浓度较稀时,应选用两种类型的泵,一台是大流量低扬程,另一台为低流量高扬程。第一台用于周期开始时输送污泥充填板框压滤机过滤小室。第二台用在一个周期后段,以适应后段过滤小室里污泥填满后被压缩、过滤压力越来越大、流量越来越小的要求。对于浓缩得较好,进机浓度较高的污泥,单台泵也能满足要求。

② 在泵的压力输送中,污泥调理过程所形成的矾花不能被剪碎。为了保持矾花的完整性,选用容积泵比离心泵好。选用空气提升泵虽然也能达到目的,但初期投资较大。

③ 对于用于挤压的高扬程水泵,应尽可能采用转数低的泵型。

④ 投料泵选择应与所处理的污泥的性状相适应,要防止被大块物料及其他垃圾所堵塞。

由于投料泵起、停频繁,且污泥浓度较大。因此水泵应安装在水泵吸水液位以下,自灌式起动,不宜采用真空泵起动。

脱水机投料泵目前采用较多的是污泥螺杆泵。螺杆泵为卧式,可供输送中性、带腐蚀性、带磨损性或含有气体,产生气泡的液体,以及高黏度、低黏度的含有纤维或固体物质的液体。

4) 压缩空气系统

空压机提供的压缩空气一部分用来作为板框压滤机第二段薄膜挤压的动力和吹出板框中心泥芯,另一部分用来作为仪表、气动阀门的气源。薄膜挤压的压力为 1.5MPa;供仪表、阀门用的气源经减压、过滤、干燥处理后送至仪表和阀门处。空压机放在一层。

5) 高压冲洗水系统

用来冲洗板框压滤机滤布,设高压冲洗水泵,一般一用一备,设在一层,流量约250L/min,扬程为 10MPa,进水来自设在二层的储水罐,供高压水至压滤机滤布喷淋装置。

以上辅助系统除污泥平衡池均由厂家随主机配套提供。

6) 泥饼输送设备

泥饼的输送设备决定泥饼的运输方式。泥饼输送方式一般都是经过皮带输出,送入泥饼堆积间,再用铲车将泥饼装入运泥车运走。

7) 起重设备

为了维护和检修脱水机及附属设备,一般需设置起重设备。由于板框压滤机整机很重,可达百吨以上,按整机吊装负荷太大,而且除第一次安装外,以后很难碰上整机吊装。

(5) 板框压滤机脱水系统及设备布置

1) 板框压滤机脱水系统图

图 10-5 为某自来水厂板框压滤机脱水系统及设备布置图。该脱水系统除 2 台板框压滤机主机外,辅助设备还包括空压机系统、投料系统、药剂制备系统、高压水冲洗系统及泥饼运输系统。

2) 脱水机房布置

板框脱水机房一般布置成两层,板框压滤机放在上层,板框压滤机下方为皮带输送机,泥饼堆置场(即贮泥间)放在下层,其辅助系统一般将药剂制备系统放在上层,以便实现重力投加,污泥池、投料泵、空压机、高压冲洗水泵等放在下层。

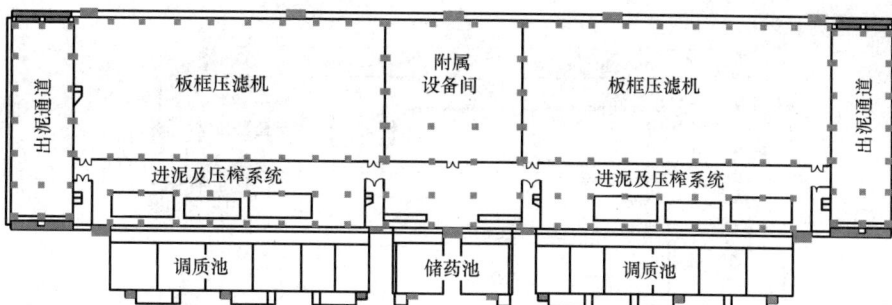

图 10-5 板框压滤机脱水系统及设备布置图

由于滤布要经常冲洗，地面应有良好的排水系统。在底层，泥土较多，特别是贮泥间，最好设置便于清扫的明沟，上面用铁算子或多孔盖板。

脱水机房内应有良好的通风设备，以排除其泥腥味。

由于板框压滤机主机各厂家的产品构造不尽相同，其附属设备也有一定的差异。其布置形式也有一定差别。应根据各厂家产品的特点并结合工程的具体情况经综合分析比较后，提出最佳布置方案。

板框压滤机的最大优点是泥饼含固率高（30%～45%）；但设备庞大，占地多，环境卫生条件较差。国内水厂采用进口板框机，如苏州工业园水厂（$45 \times 10^4 \mathrm{m}^3/\mathrm{d}$）、无锡雪浪水厂均采用了德国安德利茨耐克板框机，目前更新型的为日本石恒株式会社"LASTA"滤布走行式压滤机，其最大特点为高效、脱水全自动操作，泥饼自动剥落，不沾滤布等。长沙第八水厂、第二水厂、南宁三津水厂、上海青浦二水厂等已采用。

3. 离心脱水机

（1）一般要求

1）离心脱水机进机含固率不宜小于 3%，脱水后泥饼含固率不应小于 20%。

2）离心脱水机的产率、固体回收率与转速、转差率及堰板高度的关系宜通过拟选用机型和拟脱水的排泥水的试验或按相似的机型、相近的泥水运行数据确定。在缺乏上述试验和数据时，离心脱水机的分离因素可采用 1500～3000，转差率 25r/min。

3）离心脱水机应设冲洗设施，分离液排出管宜设空气排除装置。

（2）构造和工作原理

离心脱水机是通过转子的转动产生离心力将离心力施加在转子内的污泥上。根据离心脱水机的结构形式，几何形状及转子内污泥的流向，离心脱水机可分为转筒式、筛网式、壳式、双锥式、盘式等。在以上几种离心脱水机中，以转筒式离心脱水机应用最普遍，目前国内自来水厂排泥水处理采用的离心脱水机均是这种形式。

1）转筒式离心脱水机结构

转筒式离心脱水机也称卧式螺旋离心脱水机，与其他离心脱水机不同的是其可以连续运行。

转筒式离心脱水机主要由转鼓、带空心转轴的螺旋输送器、差速器等组成，如图 10-6 所示，其工艺流程如图 10-7 所示。

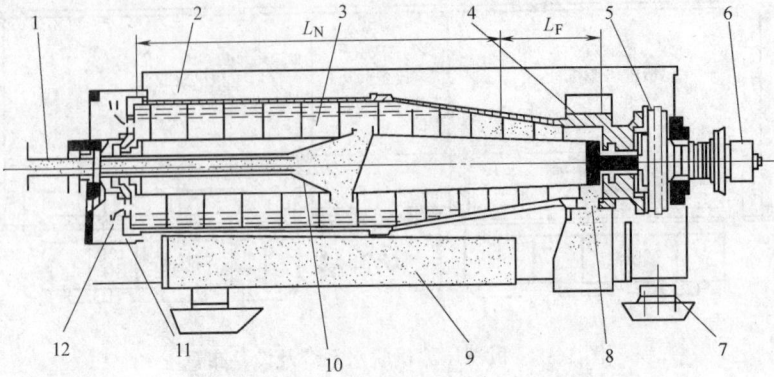

图 10-6　转筒式离心脱水机

1—进料口；2—转鼓；3—螺旋输送器；4—挡料板；5—差速器；6—扭矩调节；
7—减振垫；8—沉渣；9—机座；10—布料器；11—积液槽；12—分离液

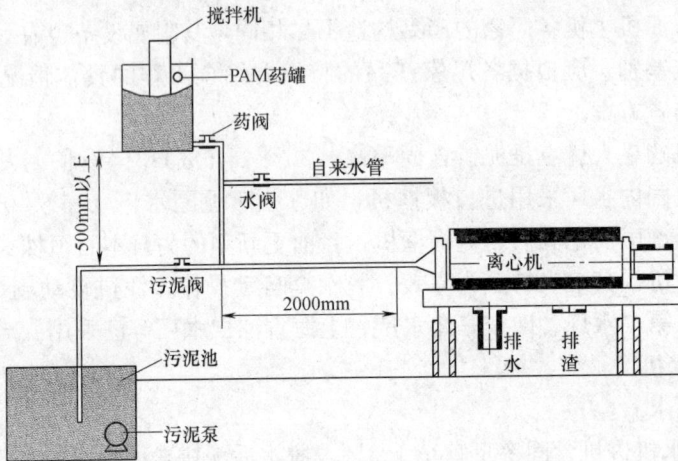

图 10-7　污泥脱水流程图

2）工作原理

离心脱水机的工作原理是：需脱水的污泥从中心管进入脱水机内转子，在离心力的作用下，被甩到周壁，形成一个圆环形的浅池。由于污泥中所含成分的相对密度不同，在转子内会产生分层现象，较重的无机颗粒位于圆环最外层。固体颗粒比水重，在转子内壁上沉淀，即位于圆环的最外层，较轻的水形成内环。在这种离心式脱水机的一端设有高度可调的圆环形堰板。转子内圆环形浅池的浓度取决于堰板的高度。随着进泥量的增加位于转子中心即内层的水分积到一定厚度，超过堰板高度后翻过堰板排出。堰板的高度直接影响着澄清区的沉淀时间和脱水效果。一般堰板的内径应大于锥体的直径。在堰板的另一侧设有螺旋输送器，沉淀在转子内壁上的污泥固体依靠转子和螺旋输送器的速度差输送至转子的锥体端，进一步脱水后排出。一般螺旋输送器的转速略大于转子的转速。通过调节螺旋输送器的速度和调节堰板高度来达到最佳脱水效果。

按照沉淀的污泥固体与进入转子的污泥水在转子内的流向。转筒式离心脱水机可分为异向流和同向流两种。同向流转筒式离心脱水机具有原液流动方向与污泥流动方向相同。

沉淀后的底泥从锥体端经锥体进一步浓缩脱水后排出。异向流转筒离心脱水机与同向流转筒式离心脱水机的区别主要有两点：一是同向流原液直接从柱体端部进入，而异向流虽然也从柱体端部进入，但是原液是用一根进泥管经柱体端部伸入转子内一段较长的距离。其二是同向流转筒式离心脱水机的上清液是在其末端，用管子收集后，从柱体端部引出，而异向流是直接从端部引出，上清液容易将沉淀冲起而混掺，因此，从固体回收率即分离效果上看，同向流优于异向流。图 10-8 为异向流转筒式离心机示意图。

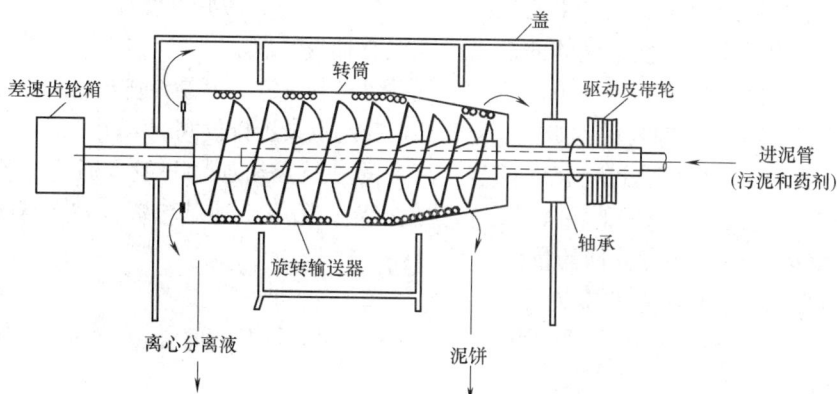

图 10-8　异向流转筒式离心机示意图

3）影响离心脱水机的因素

① 转速的影响

离心力与转速的平方成正比，离心脱水机转速越大，离心力越大。提高转速可以增加泥饼的含固率，提高固体回收率。但是提高转速不仅导致了电耗、机械磨损、噪声的增加，而且随着转速的增加，对污泥絮体剪切力也增加，大的絮体容易被破坏和剪碎，这又降低污泥的分离效果。因此应综合各方面的因素，通过实践确定离心脱水机的转速。

② 堰板的高度

筒体内液环深度可通过堰板进行调节。液环深度低时，干燥区面积大，可促进干燥，但当沉淀物太松散时，需调高液环高度。液环深度的影响，如图 10-9 所示。

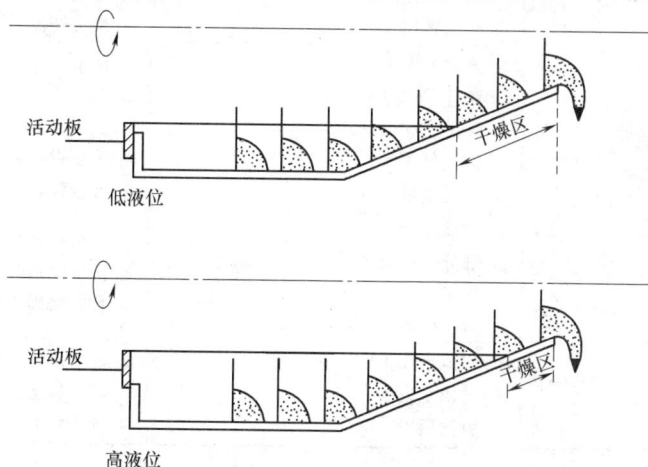

图 10-9　液环深度的影响

③ 运行工艺参数

当污泥性质已确定时，改变进料投配速率，减少投配量可以使固液分离效果提高，增加絮凝剂加注量，可以加速固液分离速度，使分离效果好。

（3）离心脱水机机房布置要求

1）离心脱水机的台数应根据所处理的污泥量、脱水机的产率及设定的运行时间综合确定。但不宜少于 2 台。

2）脱水机前宜设平衡池，平衡池的容积可按 1～2d 的污泥量设计。

3）上清液排出管应便于气体的逸出，或设有抽气装置。

高速旋转排出的上清液。含有大量的空气并可见到气泡，容易在排出管中形成气阻，因此应设置便于气体逸出的装置。如气水分离器，在高点设置排气阀或采用一般明渠输送。

4）浓缩污泥进机前宜进行化学调节。药剂的种类及投加量一般宜通过试验确定，或按同一型式离心脱水机、相似污泥的运行数据确定。若无上述试验资料和运行数据，则可按干固体重量 2%～3%计算加药量。

5）离心脱水机宜设置冲洗装置

运行完了后，应清扫机内的污泥，否则在下一次运行开始时，由于机内污泥的沉积而影响处理效果或发生异常振动。

6）脱水机房内设置防振和噪声消除设施。

由于离心脱水机高速旋转，不可避免地产生振动和噪声，因此在脱水机设备基础上应有隔振措施和噪声消除措施。

（4）离心脱水机常见故障及排除方法

离心脱水机常见故障及排除方法，见表 10-2。

离心脱水机常见故障及排除方法　　　　　　　　表 10-2

常见故障	原因分析	排除方法
分离液浑浊，固体回收率低	1. 液环层厚度太薄； 2. 进泥量太大； 3. 转速差太大； 4. 入流固体超负荷； 5. 机器磨损严重； 6. 转鼓转速太低	1. 增大厚度； 2. 减小进泥量； 3. 降低转速差； 4. 减小进泥量； 5. 更换零件； 6. 增大转速
泥饼含固率低	1. 转速差太大； 2. 液环层厚度太大； 3. 转鼓转速太低； 4. 进泥量太大； 5. 加药不足或过量	1. 降低转速差； 2. 减小液环层厚度； 3. 增大转速； 4. 减小进泥量； 5. 调整投药比
离心机过度振动	1. 轴承故障； 2. 部分固体沉积在转鼓一侧，引起运动失衡； 3. 基座松动	1. 更换轴承； 2. 彻底清洗； 3. 拧紧紧固螺母
转动扭矩太大	1. 进泥量太大； 2. 转速差太小； 3. 齿轮箱出故障	1. 减小进泥量； 2. 增大转速差； 3. 加油保养

如图 10-10 所示，为嘉兴市贯泾港水厂的离心机脱水车间。

图 10-10　嘉兴市贯泾港水厂的离心机脱水车间

第十一章

消毒系统的运行和维护

第一节　消毒系统的简介

1. 消毒系统的发展

在城乡供水系统中，消毒是比较基本的水处理工艺，它是保证用户安全用水必不可少的措施之一。但自 20 世纪 70 年代发现液氯消毒产生三致物质（致癌、致畸、致突变物质）以后，人们开始重新审视水处理中的消毒问题，并进行了大量的研究工作。由于液氯消毒产生三致物质，并且不能有效杀灭隐孢子虫及孢囊，因此其他的消毒技术不断被研究开发出来，如二氧化氯、次氯酸钠、臭氧、光催化、紫外线消毒等相关复合技术。尤其随着生物化学和基因工程等前沿科技的迅速发展，传统的生物消毒技术也正在取得突破，在水处理消毒领域的应用前景十分广阔。

2. 消毒的目标

消毒的目的是去除水中的致病微生物，确保饮用水安全。《生活饮用水卫生标准》GB 5749 明确要求"生活饮用水中不得含有致病微生物""生活饮用水应经消毒处理"，《室外给水设计规范》GB 50013 也明确规定"生活饮用水必须消毒"。

3. 消毒的具体目标是

1. 消毒后的出厂水不得检出总大肠菌群、耐热大肠菌群、大肠埃希氏菌，并使菌落总数不大于 100（CFU/mL）。

2. 消毒后的出厂水还要求贾弟鞭毛虫小于 1 个/10L；隐孢子虫小于 1 个/10L。

3. 消毒后出厂水中消毒剂的限值，出厂水中余氯和管网末梢水中余氯要符合相关规定。

第二节　各类消毒方式

1. 现阶段水处理行业中的消毒种类

现阶段的水处理行业中，主要有液氯、二氧化氯、氯胺、次氯酸钠、臭氧和紫外线，这几种运用最为广泛。

（1）氯消毒

我国最早采用氯消毒的是上海杨树浦水厂。杨树浦水厂于 1883 年建成，1920 年 8 月 4 日正式加氯。当时液氯从美国进口，加氯量在 1.0～1.5ppm 之间 。北京东直门水厂建于 1910 年，20 世纪 30 年代开始采用漂白粉消毒，20 世纪 50 年代初天津、上海为了提高消毒效果，保证城市管网末梢的余氯，开始采用氯胺消毒。目前，我国大部分的水厂采用氯消毒。

（2）二氧化氯消毒

我国从 20 世纪 90 年代以后才开始在一些中小水厂中应用，但发展很快。据不完全统计，2000 年底，二氧化氯发生器已投放市场 2000 台以上，产品规格从 300～500g/h，最大可达 20kg/h。我国饮用水消毒采用二氧化氯的已占有一定的比例。

（3）臭氧

我国 1926 年在厦门赤岭水厂（$0.5 \times 10^4 m^3/d$）采用过臭氧消毒，但一直没受到其他水厂的青睐。

（4）紫外线消毒

紫外线照射的灭菌作用早在 1877 年就得到了认可，1909 年法国马赛市水厂就应用了紫外线消毒技术。目前欧洲已有 3000 多饮用水厂使用紫外线消毒。20 世纪末，由于紫外线消毒对于抗氯的隐孢子虫和贾第鞭毛虫有很好的消毒效果，且不产生有害的副产物，美国环保局（USEPA）认为值得重视。并在 2006 年底出版了《紫外线消毒指南手册》。在美国已有很多水厂推广紫外线消毒与氯消毒相结合的技术。我国的紫外线照射消毒已经在天津开发区净水厂、上海临江水厂等地应用，但总体还处在起步阶段。

（5）次氯酸钠消毒

众所周知，次氯酸钠溶液是一种非天然的强氧化剂，它的杀菌效力比氯气更强，属于真正高效、广谱、安全的强力灭菌、杀病毒药剂。次氯酸钠液体投入水中，瞬时水解形成次氯酸和次氯酸根，因次氯酸是很小的中性分子，不带电荷，能迅速扩散到带负电的菌（病毒）体表面，并通过细菌的细胞壁，穿透到细菌内，次氯酸极强氧化性破坏了菌体和病毒上的蛋白质等酶系统，从而杀死病原微生物。因此广泛运用于自来水、中水、工业循环水、游泳池水、医院用水等各种水体的消毒。在美国、德国、日本等发达国家的公共场所和自来水生产中也被广泛使用。

次氯酸钠消毒工艺主要有两种方式，一种是购买高浓度成品原液后进行二次稀释投加；另一种是采用发生器现场制备低浓度次氯酸钠溶液直接投加。

2. 各类消毒方法比较

自来水厂中我国目前较普遍采用的是液氯和氯胺消毒、二氧化氯消毒。常用的消毒方法优缺点及适用条件见表 11-1 所列。

常用的消毒方法优缺点及适用条件　　　　　　　　　　表 11-1

方法	优缺点	适用条件
液氯	优点： 1. 具有余氯的持续消毒作用； 2. 成本较低； 3. 设备成熟，方便操作，操作简单，投加量易控制。 缺点： 1. 原水有机物高时会产生有机氯化物； 2. 原水含酚时产生氯酚味； 3. 使用时需注意安全，防止漏氯	1. 液氯供应方便的地点； 2. 大中小水厂

方法	优缺点	适用条件
氯胺	优点： 1. 能延长管网中余氯的持续时间； 2. 能降低三卤甲烷和氯酚味的产生。 缺点： 1. 需较长接触时间； 2. 需增加加氨设备	原水中有机物多以及输配水管线较长时
二氧化氯	优点： 1. 减少生成有机氯化物，杀菌效果好； 2. 具有强烈的氧化作用，可除臭、去色、氧化锰、铁等物质； 3. 投加量少，接触时间短，余氯保持时间长。 缺点： 1. 成本较高，一般需现场随时制取使用，不能储存； 2. 以氯酸盐制取二氧化氯时，有氯气存在兼备氯气的优缺点； 3. 氯酸盐和亚氯酸盐等副产物易超标	适用于中小水厂或有机污染严重时
漂白粉 漂白精	优点： 1. 投加设备简单，使用方便； 2. 漂粉精含有效氯达 $60\%\sim70\%$。 缺点： 1. 同液氯； 2. 易受光、热、潮气作用而分解失效，须注意贮存	漂白粉与漂粉料仅适用于生产能力较小的水厂
次氯酸钠	优点： 1. 具有氯气的氧化消毒作用； 2. 操作简单，比投加液氯安全方便。 缺点： 1. 不能贮存，必须现场制取使用； 2. 目前产地少，使用受限制； 3. 成本较高	适用于人口稠密地区，对安全要求较高的水厂
紫外线消毒	优点： 1. 杀菌效率高，需要的接触时间短； 2. 不改变水的物理化学性质，不会生成有机氯化物和氯酚味； 3. 具有成套设备，操作方便。 缺点： 没有持续的消毒作用，易受二次污染	小型集中用水户
臭氧消毒	优点： 1. 具有强氧化能力，对微生物、病毒等均具有杀伤力，消毒效果好，接触时间短； 2. 能除臭、去色、除铁、锰等；能除酚，无氯酚味； 3. 不会生成有机氯化物。 缺点： 1. 基建投资大，经常电耗高； 2. 臭氧在水中不稳定，易挥发、无持续消毒作用	可用作预处理或与活性炭联用做深度处理

第三节　当今比较主流前沿的消毒种类

1. 次氯酸钠消毒

（1）作用原理

次氯酸钠消毒是利用钛阳极电解食盐水，产生次氯酸钠。次氯酸钠（NaClO）是一种强氧化剂，在水溶液中水解生成次氯酸离子，通过水解反应生成次氯酸，次氯酸具有与氯相似的氧化和消毒作用。其化学反应式是：

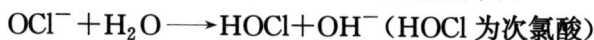

$$NaCl + H_2O \longrightarrow NaClO(次氯酸钠) + H_2$$
$$NaClO \longrightarrow Na^+ + OCl^-（次氯酸离子）$$
$$OCl^- + H_2O \longrightarrow HOCl + OH^-（HOCl 为次氯酸）$$

（2）次氯酸钠特性

10%有效氯浓度次氯酸钠液体：淡黄色，有少量刺激性气味，清澈透明，易溶于水，相对密度为 1.18，呈现强碱性；稳定性差于氯气，见光要分解，随着次氯酸钠温度升高，浓度会慢慢降低，影响有效氯成分，不宜暴晒和久藏，要贮藏在密闭容器中。次氯酸钠是强氧化性，和氯气氧化性相同，与人体皮肤接触有轻微腐蚀性，可用清水冲洗。

（3）次氯酸钠发生器

国家环境保护总局 2006 年 4 月 13 日发布，6 月 15 日实施的环境保护行业标准《环境保护产品技术要求 电解法次氯酸钠发生器》HJ/T 258 规定了电解低浓度食盐水的次氯酸钠发生器的产品分类、技术要求、试验方法和检验规则。标准适用于饮用水消毒，其主要内容：

1）术语和定义

次氯酸钠发生器的术语和定义见表 11-2 所列。

次氯酸钠发生器的术语和定义 表 11-2

术语	含义
电解槽	指在电解低浓度食盐水的发生器内发生电解反应和溶液反应的装置。根据运转方式和使用上的不同要求，电解槽可以采用不同的槽体结构和电极形状
有效氯浓度	次氯酸钠溶液氧化能力的强弱用有效氯浓度定量表示。表示每升溶液所具有的氧化能力，相当于若干克质量的氯气在水中所具有的氧化能力，单位为 g/L
有效氯产量	发生器的产量用有效氯产量表示，其数值等于设备在额定状态下工作时，每小时生成有效氯的质量，单位为 g/h
电流效率	电解槽电流过一定电量后，有效氯的实际生成量与理论生成量之比
额定电解电流	指发生器维护额定产率时，电解槽中流过的电解电流值，单位为 A。当设备电解槽采用多对阴阳极并联供电时，额定电解电流可用每对电极间电流与并联约数相乘表示
直流电耗	指发生器在额定状态下工作时，每生成 1kg 有效氯，电解槽中所消耗的直流电能，单位为 kWh/kg
交流电耗	指发生器在额定状态下工作时，每生成 1kg 有效氯，设备整机所消耗的交流电能，单位为 kWh/kg
盐耗	指发生器在额定状态下工作时，每生成有效氯所消耗的氯化钠，单位为 kg/kg

2）分类与命名

① 次氯酸钠发生器根据使用用途分为卫生消毒和环境保护两大类。卫生消毒类指用于饮用水消毒等。环境保护类不得用于卫生消毒。

② 次氯酸钠发生器的运转方式分为连续运转和间歇运转两类。

③ 次氯酸钠发生器的规格按设备有效氯产率分为 5、10、25、50、75、100、150、200、250、300、400、500、750、1000、1500、2000、3000、5000g/h，超过 5000g/h 的规格根据实际需要确定。

④ 次氯酸钠发生器按质量等级分为优质品（A）、一级品（B）、合格品（C）。

3）技术要求

① 使用环境温度：0～40℃；环境湿度：空气中最大相对湿度不超过90％（在相当于空气20±5℃时）。

② 基本技术要求应符合图纸和技术文件制造，外壳必须设置接地螺栓，联结电阻实测值小于0.1Ω。

③ 产率大于25g/h设备所使用的电解槽和储液箱必须采用封闭式结构，并设置与通往室外排气管路联结的标准接口。必须设置有关监测仪表。

④ 次氯酸钠溶液应清澈透明，无可见杂质。

4）技术经济指标及质量分等见表11-3所列。

技术经济指标及质量分等 表11-3

技术经济指标	单位	质量等级		
		A	B	C
电解电流效率	%	≥72	≥65	≥60
直流电耗	kW·h/kg	≤4.5	≤5.0	≤6.5
交流电耗	kW·h/kg	≤6.0	≤7.0	≤10
盐耗	kg/kg	≤4.0	≤4.5	≤6.5
阳极寿命强化试验失效时间	h	≥20	≥15	≥10

（4）次氯酸钠溶液的投配

次氯酸钠的投配方式同一般混凝剂溶液投加方式相同。

（5）次氯酸钠发生器操作一般方法

1）将配制成的3％的食盐溶液，经过滤后，接入次氯酸钠发生器的盐水进液管，盐水箱底部位置必须高于次氯酸钠发生器本身。盐水箱一般在制造厂与发生器同时购买。盐水浓度高，可降低电解槽电压，减少耗电量，并能延长阳极的使用寿命，但食盐的利用率就低，会使费用增加。因此盐水浓度不宜太高，也不宜太低，3％～3.6％为宜。

2）按要求接好冷却水、盐水、次氯酸钠贮液箱及电源。

3）开机前，打开盐水流量计，让盐水进入回流柱，液满后关闭流量计，即可打开电源。调节工作电源，调节冷却水，冷却水流量视回流柱电解槽电极温度高低而定。电解槽的适宜工作温度一般保持在30～45℃。通电10min后，再打开盐水流量计，并调整流量，使其达到所需要求。

4）关机时，关掉盐水流量控制阀，让回流柱内剩余的盐水再电解10min后，关掉电源，然后关冷却水，最后将回流柱消毒溶液虹吸排空，每次必须用洁净水冲洗回流柱并将水吸净。

5）清洗电解槽。由于水中含有一定的钙化合物和铁离子等，电解时会以碳酸钙、氢氧化铁的形式出现，这些杂质会造成电解槽阴阳极间短路，从而引起电极击穿现象。所以要根据水质情况定期冲洗电解槽，一般每周1～2次。清洗时，拆除电极上连接电线，取出钛极管，用洁净水冲洗回流槽、电极套管，用圆形软刷清除内积垢。对钛极管表面用软毛刷边冲边刷，以清除表面积垢，最后用清水冲洗干净，即可组装。

6）注意事项

① 经常注意电解液及冷却水的流通情况，观察各管道接头是否有漏液现象，以免造成对某些器件的腐蚀。

② 不要将酸及酸性物质混入次氯酸钠，以免发生氯气中毒。

③ 次氯酸钠不宜久贮，夏天应当天生产，当天用之；冬天贮存时间不得超过一周，并需采取避光贮存（气温低于 25℃，每天损失有效氯 0.1～0.15mg/L；气温超过 30℃，每天损失有效氯 0.3～0.7mg/L）。

④ 操作人员应首先熟悉装置的性能，严格遵守该装置的操作规程。

2. 紫外线消毒

紫外技术是 20 世纪 90 年代兴起的一种快速、经济的高效消毒技术。它是利用特殊设计的高效率、高强度和长寿命的波段（110～280nm）紫外光发生装置产生紫外辐射，用于杀灭水中的各种细菌、病毒、寄生虫、藻类等。其机理是一定剂量的紫外辐射可以破坏生物细胞的结构，通过破坏生物的遗传物质而杀灭水生生物，从而达到净化水质的目的。

紫外线消毒是一种物理方法，它不向水中增加任何物质，没有副作用，不会产生消毒副产物。

对细菌灭活需要的紫外线剂量以紫外线的强度乘以辐照时间计算，它必须保证不能进行自我复制或者突变后代不能进行自我复制。一般细菌的体积越大或者树木越多，对其灭活所需要的紫外线剂量就越大。而病毒本身对紫外线的抵抗能力很弱，但是通过宿主的保护作用增强了病毒耐紫外线性。因此，紫外线消毒处理水必须经过良好的预处理，而且消毒需要紫外线辐照剂量难以明确。另外，跟臭氧一样，紫外线消毒也不能保持持续的杀菌效果，所以它一般要与其他消毒方法联合使用。

（1）紫外线消毒技术的应用

我国第一个采用紫外线消毒的是大庆东风水厂（$5 \times 10^4 \, \mathrm{m^3/d}$），2004 年以来清华大学组织的团队开展了紫外线消毒技术的系统研究，并在广东东莞、北京第九水厂进行了中试。2009 年天津开发区净水厂三期（$15 \times 10^4 \, \mathrm{m^3/d}$）、上海临江水厂（$60 \times 10^4 \, \mathrm{m^3/d}$）的紫外线消毒工程已投产。

（2）紫外线消毒的作用原理

紫外线是电磁波谱中波长从 100～400nm 辐射的总称，按波长范围分 A 波段 320～400nm、B 波段 275～320nm、C 波段 200～275nm，真空紫外线 100～200nm 不同波长的紫外线有不同的生物效应，其中 200～290nm 的紫外线具有杀菌作用。紫外线消毒技术的原理认为，光是物质运动的一种特殊形式，微生物受到紫外线照射后将作为一切生命体的基本物质和生命基础的核酸突变，阻碍其复制、转录封锁及蛋白质合成使其灭活。其作用方式是通过紫外线对水照射进行的，其中波长 253.7nm 的紫外线消毒效果最好。

（3）紫外线消毒的特点

1）紫外线消毒是一种物理消毒方法，不使用化学消毒剂，不会产生消毒副产物。

2）紫外线能高效率杀灭大多数致病原生动物、细菌、病毒和囊性微生物，包括隐孢子虫和贾第鞭毛虫。

3）紫外线消毒时间短，对细菌、病毒的杀菌作用一般在 1s 以内，处理后的水无味、无色。

改造费用：1000 万元。

原水特点：以长江水为原水。

出水水质：浊度小于 0.05NTU，颗粒数小于 20 个/mL。

芦泾水厂工艺流程图，如图 12-4 所示。

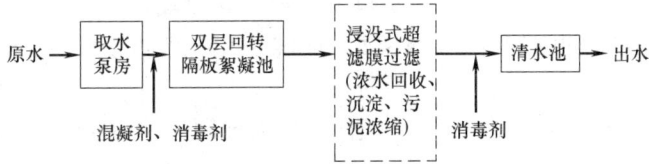

图 12-4　芦泾水厂工艺流程图

4. 法国梅里奥塞水厂

是目前世界上最大的纳滤膜水厂，建成于 1999 年，处理水量为 $14\times10^4\,m^3/d$，其工艺流程，如图 12-5 所示。

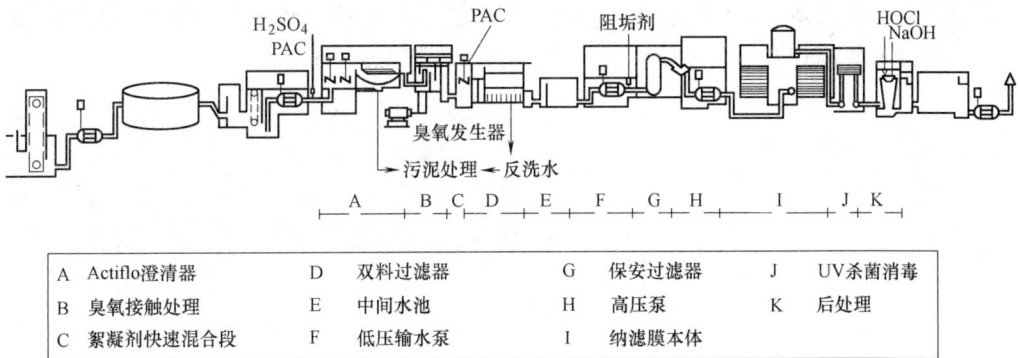

A	Actiflo澄清器	D	双料过滤器	G	保安过滤器	J	UV杀菌消毒
B	臭氧接触处理	E	中间水池	H	高压泵	K	后处理
C	絮凝剂快速混合段	F	低压输水泵	I	纳滤膜本体		

图 12-5　法国梅里奥塞水厂工艺流程图

5. 其他膜处理水厂

我国台湾高雄拷潭水厂（投产时间 2007 年，规模 $30\times10^4\,m^3/d$，超滤＋纳滤/超低压反渗透）、无锡中桥水厂（投产时间 2009 年 12 月，规模：膜部分 $15\times10^4\,m^3/d$，水厂总制水能力 $60\times10^4\,m^3/d$，UF）、东营南郊水厂（投产时间 2009 年 12 月，规模 $10\times10^4\,m^3/d$，黄河水库水＋混凝＋沉淀＋砂滤＋超滤过滤）、澳门大水塘（MSR）水厂（规模 $6\times10^4\,m^3/d$，二期将增至 $12\times10^4\,m^3/d$，混凝采用高速气浮-ZeeWeed1000 浸没式超滤膜工艺）、杭州清泰水厂（投产时间 2012 年 12 月，规模 $30\times10^4\,m^3/d$，原水＋预臭氧＋混凝＋沉淀＋炭砂滤＋微滤）。

第三节　膜处理水厂的系统组成及机泵运维

虽然膜处理水厂预处理工艺结合进水条件可采取多种工艺组合（如混凝、臭氧、颗粒活性炭、粉末活性炭等）、膜组件类型也较多（板框式、管式、卷式和中空纤维式等；一般膜系统都由若干个膜组件并联组成单元膜块，整个系统由多个单元块构成）、过滤方式也有不同（如压力式系统和浸没式系统；外压式过滤系统和内压式过滤系统等）。

但通过对上述典型膜处理水厂分析归纳发现，总体上膜处理水厂一般由进水系统、预处理系统（含加药、PAC 系统）、膜滤装置单元（含回收系统）、物理清洗系统（气冲系